↑ H2A 로켓에 탑재된 하야부사2가 정비탑에서 최종 정비 중이다. 가고시마현 다네가시마 우주 센터. 2014년 11월 15일. ©JAXA

↑착륙지점 결정 당시 열린 기자회견.
왼쪽부터 오렐리 무시(프랑스 국립우주연구센터), 트라미 호(독일 항공우주센터), 와타나베 세이치로,
저자 쓰다 유이치, 요시카와 마코토, 구보타 다카시. 2018년 8월 23일. ⓒJAXA

←H2A 로켓 발사 순간. 2014년 12월 3일. ⓒJAXA

⬆ 첫 번째 터치다운 순간. 표본채취관에 달린 카메라가 촬영. 2019년 2월 22일. ⓒJAXA

① 7시 26분 고도 8.5미터(하강 중)   ② 7시 28분 고도 4.1미터(하강 중)
③ 7시 29분 고도 1.0미터(하강 중)   ④ 7시 29분 고도 2.9미터(상승 중)
⑤ 7시 29분 고도 8.0미터(상승 중)   ⑥ 7시 30분 고도 49.6미터(상승 중)

↖ 22킬로미터 떨어진 곳에서 촬영한 소행성 류구의 모습. 2018년 6월 26일. ⓒJAXA, 도쿄대 등

↙ 소행성 탐사 로버 '미네르바II-1B'가 촬영한 류구의 지표면. 2018년 9월 23일. ⓒJAXA

↑ 첫 번째 터치다운 성공 후 사가미하라 관제실
의 모습. 2019년 2월 22일. ⓒISAS/JAXA

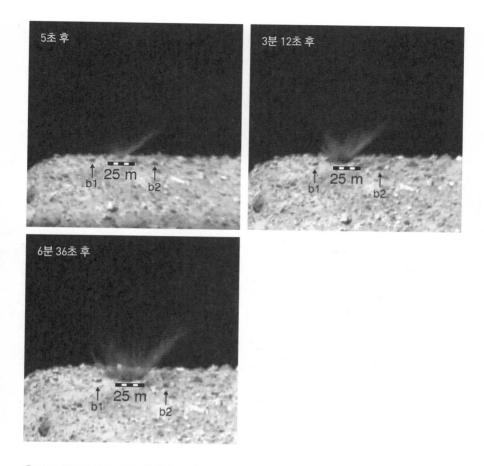

↑ 인공 충돌구 생성 순간. 임팩터SCI가 지표면에 충돌한 이후의 과정. 분출물이 40미터 가까운 높이까지 솟아오르는 모양이 보인다. 2019년 4월 5일. ⓒArakawa et al., 2020

↑ JAXA 사가미하라 건물에서 두 번째 터치다운 성공을 브리핑하는 기자회견. 마이크를 잡은 사람이 저자. 2019년 7월 11일. ©ISAS/JAXA

HAYABUSA

HAYABUSA2
SAIKYO MISSION NO SHINJITSU

HAYABUSA

하야
부사

Hayabusa2,
an asteroid sample-return
mission
operated by JAXA

일본
우주 강국의
비밀

쓰다 유이치 지음 | 서영찬 옮김

동아시아

일러두기

1 단행본은 『 』, 영화는 〈 〉로 구분했다.
2 본문의 강조색 적용은 옮긴이의 의도를 따른 것이다.
3 본문의 각주는 옮긴이 주이며, 본문 중 괄호 안에 있는 설명은 저자 주다.

추천의 글

인류의 손이 새롭고 조그마한 별에 닿았다. 소행성 탐사는 우주탐사 미션 중에서도 하이엔드급 미션이다. 날아가는 총알을, 다른 총알을 쏴서 맞힐 정도로 어려운 일이다. 소행성은 태양계의 화석이라고 불릴 정도로 태양계 역사를 고이 간직하고 있다. 우주 선진국들이 앞다투어 소행성 탐사를 목표로 하는 이유다. 하야부사 1호기는 별의 부스러기인 소행성의 표본회수 기술을 시연했고, 하야부사2는 기술을 완성했다.

우주탐사는 끊임없이 도전하고, 실패하는 일의 연속이다. 성공하기까지의 지난한 시간은 성공을 향한 과정이 된다. 중요한 것은 실패를 대하는 태도다. 저자 쓰다 유이치가 말하듯이 "사람은 실패했을 때 가장 크게 성장한다". 소행성 탐사라는 멋진 도전을 시도할 기회가 우리나라에도 곧 오길 소망한다.

황정아 · 現 국회의원, 前 한국천문연구원 책임연구원

항공우주공학자가 되기 위해 배우고 수련받았던 지난 시간을 버티게 했던 단 한 가지의 힘은 우주에 대한 동경이었다. 일본의 하야부사 프로젝트는 과학자들의 우주에 대한 동경의 집결체 같은 미션이다. "정말로 살아 돌아올 수 없을 것 같았"던 하야부사 1호기를 어떻게든 살려서 지구로 되돌아오게 만들었던 하야부사 팀 과학자들의 이야기가 하야부사가 이루어 낸 과학적 성취보다 때로는 더 가슴을 울린다. 1호기의 성취에 동력을 얻어 2호기는 성공적으로(별문제 없이) 미션을 수행했다. 그리고 하야부사 미션 덕분에 우리는 소행성에 대해, 태양계에 대해 조금 더 이해할 수 있게 되었다. 『하야부사』는 하야부사2 프로젝트의 시작에서부터 마무리 단계까지를 기술적 측면에서 그리고 상황적 측면에서 상세히 서술한 책이다. 항공우주공학자들이 구체적으로 어떤 일을 하는지 궁금한 분들에게, 우주 미션 하나가 도대체 어떻게 진행되는지 궁금한 분들에게, 그리고 하야부사 미션을 좋아하는 분들에게 이 책을 권한다.

전은지 • KAIST 항공우주공학과 교수

이토록 기승전결이 완벽한 우주탐사라니! 하야부사 임무는 단순히 일본의 소행성 탐사 시리즈가 아니라 인류의 태양계 소행성 탐사 도전의 역사다. 그래서 하야부사2 프로젝트의 전 과정을 담은 이 책은 태양계 소행성 탐사를 꿈꾸는 모든 이들을 위한 가장 완벽한 안내서이며, 미지의 세계를 탐험하는 인류의 근원적 호기심에 과학·공학적으로 최고의 답변을 제공해 준다. 나는 하야부사2 사이언스 팀의 일원으로 실제 프로젝트에 참여하면서 성공적인 우주탐사를 위해서는 참여자들의 헌신과 국민들의 전폭적인 지지가 필수적이라는 사실을 깨달았다. 책에는 그 모든 과정이 가감 없이 잘 드러나 있다. 언젠가 우리나라도 하야부사 임무 시리즈와 같은 소행성 탐사를 할 수 있는 날이 오기를 꿈꿔본다.

김명진 • 한국천문연구원 우주위험감시센터 책임연구원

소행성은 지구 생명체에게 위협이자 기회다. 하야부사 2호기는 소행성 탐사를 통해 태양계의 비밀에 인류가 한 걸음 더 다가서게 해주었고, 잠재적 위험을 통제할 실마리를 제공했다. 이 책은 탐사의 전 과정과 과학자들의 도전을 생생히 그려내 우주탐사의 현주소와 열정을 보여준다. 책을 읽다 보면 소행성 탐사가 열어줄 새로운 우주탐사의 지평에 동참하게 될 것이다. 위대한 발견의 현장으로 여러분을 초대한다.

항성 · 과학전문 유튜브 〈안될과학〉 과학 커뮤니케이터

하야부사

프롤로그

그날, 사가미하라相模原 우주관제센터Sagamihara Space Operation Center[*]의 관제실은 이른 아침부터 흥분에 휩싸여 있었다. 40명 넘는 인원이 꽉 들어차 있는데도 술렁거림이 없었다. 그렇다고 정적이 흐른 것도 아니다. 숨통을 죌 듯 공기는 팽팽했다. 모니터를 응시하는 사람, 소리 내어 숫자를 읽는 사람, 종이에 무언가를 옮겨 적는 사람, 인터콤(헤드셋을 통한 음성통화)을 통해 이뤄지는 업무를 방해하지 않으려고 소리 죽여 입 모양만으로 아침 인사를 건네는 사람. 하야부사2는 이미 자율 모드로 이행했다.

"현재 탐사선은 고도 45미터에 도달. 제자리 비행hovering을 시작했습니다."

저 멀리 3억 킬로미터 떨어진 탐사선의 상태가 전파를 타고 인터콤을 통해 관제실에 전해진다. 이제부터 탐사선이 소행성의 지형과 수평을 맞추기 위해 방향을 틀 것이다. 그렇게 되면 안테나가 지구 쪽으로 향할 수 없게 되고, 고속 데이터통신은 끊긴다. 전파가 미약해지면서 도플러 신호라 불리는 통신 주파수가 하야부사2의 상황을 알려주는 유일한 수단이 된다.

하야부사2여! 타깃 마커target marker를 찾아다오. 소행성 류구 지표면 위에 미리 설치해 둔 소형 인공 표식인 타깃 마커를 8분 안에 찾지 못하면 착륙은 중지다.

"45미터 지점에서 하강을 시작했습니다. 타깃 마커를 포착한 듯합니다."

관제실 도플러 모니터에 뜬 표시가 초속 3.8센티미터 하강을 가리켰다. 타깃 마커를 제대로 찾은 듯하다. 어쨌든 첫 관문은 돌파했다.

하야부사2는 자신의 시야 중심에서 한순간도 타깃 마커를 놓치지 않고 천천히 하강하기 시작했다. 고도 28미터. 고도 센서는 고고도용 레이저 고도계LIDAR에서 저고도용 레이저 레인지 파인더LRF로 바뀌었다. 착착 예정대로다.

계속 하강 중이다. '이제 멈춰도 될 텐데…'라는 생각이 들었다.

"아직 멀었다. 여전히 하강 중이다."

한 번도 밟아보지 못한 천체의 표면을 향해 저고도로 선체를 비행시

---

* 본문에 JAXA(우주항공연구개발기구)와 우주과학연구소(우주연)가 자주 등장한다. JAXA는 미국 NASA에 준하는 일본의 기관으로, 일본의 우주개발 정책을 총괄한다. 우주과학연구소는 JAXA의 산하 기관 중 하나이며, 우주과학의 연구를 중점적으로 수행한다. 본부는 가나가와현神奈川県 사가미하라시에 위치하고, 우주과학연구소 산하 보유 시설 중하나가 우주관제센터다. 이곳에는 우주관제센터를 비롯해 각종 우주 실험 시설, 인공위성과 탐사선을 전시해 둔 교육시설 등이 있는데, 이 구역을 통칭해 '사가미하라 캠퍼스'라 부른다. 우주관제센터는 우주탐사선을 관제하는 시설로서 핵심 조종실에 해당하는곳이 관제실이다.

키는 일이란 기분이 썩 좋지만은 않다. 까딱하면 탐사선이 충돌 사고를 낼 수 있기 때문이다.

"위험해. 아직도 하강을 멈추지 않아."

자세·궤도 제어 파트의 오퍼레이터가 초조함을 드러내기 시작했다. 하야부사 1호기가 이토카와에 추락했을 때의 일이 머릿속을 스쳐 간 사람도 있을 것이다.

그 순간, 도플러 모니터가 하강 속도 제로를 가리켰다. 하강이 멈춘 것이다.

"제자리 비행 개시했습니다. 고도는 8.5미터."

관제실 여기저기에서 안도의 한숨이 흘러나왔다. 탐사선은 우리를 애타게 만들었지만 두 번째 관문을 돌파했다. 이제 하야부사2는 타깃 마커 바로 위 8.5미터 상공에서 추력기thruster(추력을 일으키는 소형 분사 장치)를 가동하며 고도를 유지하고 있을 것이다.

이제부턴 곡예비행이다. 착륙 목표지점은 타깃 마커에서 동북쪽으로 4미터 떨어진 곳이다. 하야부사2는 착륙지점 자체를 인식할 수 없다. 타깃 마커만 인식한다. 그렇기 때문에 카메라로 타깃 마커를 계속 포착하면서 착륙지점 바로 위쪽 상공까지 수평이동을 해야 한다. 이동 중에 조금이라도 자세가 흐트러지면 타깃 마커를 놓치고 만다. 시야에서 타깃 마커를 놓쳐버리면 강제중지abort다. 어려운 관문을 차례차례 뚫고 용케도 여기까지 오지 않았나. 제발, 강제중지만은 말아다오.

훈련으로 다져진 관제사들은 도플러 신호라는 밋밋한 1차원 신호의 파형波形으로 하야부사2의 움직임을 손바닥 손금 보듯 했다.

"착륙지점 상공에 도달. 현재, 힙업hip-up 동작을 하고 있는 듯함."

힙업은 울퉁불퉁 거친 류구의 표면에 안전하게 착륙하기 위해 프로젝트 팀이 짜낸 최후의 비책이다. 길이 1미터에 불과한 원통형 표본채취관sampler horn 끄트머리가 땅에 닿을 때 탐사선 몸체가 가능한 한 지면과 거리를 두도록 선체를 기울여 지면 접촉면을 최소화하려는 조작으로, 까치발 같은 것이다.

착륙 자세를 잡았으니 드디어 최종 하강이다. 제 역할을 끝낸 관제사들은 가만히 앉아 있지 못하고 모두 일어섰다. 머나먼 저편에서 전파가 우주를 가로질러 지구까지 도달하려면 시간이 걸린다. 그런 이유로 지구와 탐사선의 통신 간격은 19분이다. 이젠 하야부사2를 믿고 기다리는 도리밖에 없다. 하강은 꽤 빨리 진행됐지만 탐사선의 움직임은 예상한 대로다.

이윽고 도플러 신호가 급격한 하강을 알려준다.

"하야부사2, 최종 하강 개시. 1, 2, 3, 4⋯."

초읽기가 시작됐다. 관제사는 몇 초 후에 어떤 일이 벌어질지 머릿속에 새겨두고 있다. 지금 하야부사2는 고도 3.5미터에서 착륙지점까지 1초당 7센티미터 속력으로 자유낙하 중이다.

"49, 50, 51, 52⋯."

옳지, 50초를 넘겼군. 탐사선에선 거의 모든 추락방지용 안전기기가 준비 완료, 착륙 태세를 갖췄을 것이다. 이제 지표면이 눈앞에 있다. 도플러의 그래프를 보니 하강을 가리키는 점들이 초 단위로 가로로 가지런하다. 안정감 있게 하강한다는 증거다. 앞으로 상승 신호만 기다리면 된다. 관제실은 다시 찬물을 끼얹은 듯 조용해지고, 카운트업 하는 소리만 울린다. 모두 마른침을 꿀꺽 삼키며 메인 스크린을 뚫어져라 응시하고 있다.

"91, 92, 93, 94…."

초읽기가 95까지 진행된 순간, 도플러가 급상승을 가리켰다.

"됐다!"

"해냈다!"

"탐사선, 상승을 가리키고 있습니다."

환호성이 관제실을 휘감았다. 그 타이밍에서 상승했다는 건 틀림없이 터치다운touchdown에 성공했다는 뜻이다. 숨 멎을 듯한 고요가 금세 소용돌이치는 환희로 확 바뀌었다.

2019년 2월 22일 오전 7시 29분 10초(일본 시간). 하야부사2는 소행성 류구에 사뿐히 닿았다. 마치 맹금류 매(하야부사)처럼 노리는 지점으로 정확하게 내려가 별의 부스러기라는 포획물을 꽉 움켜쥔 후 드넓은 우주로 다시 날아올랐다.

탐사선이 상승하자마자 표본채취관 끝부분의 지면 접촉 사실과 착륙 순간 탄환 발사 사실을 알려주는 데이터가 관제실로 전해졌다. 모든 데이터가 터치다운 성공을 말해주었다. 완승이다.

"오늘, 인류의 손이 새롭고 조그마한 별에 닿았습니다."

기자회견장에서 나는 하야부사2 프로젝트를 대표해 전 세계에 희소식을 보고했다. 최첨단 기술과 최고의 팀워크로 새로운 과학 업적을 달성한 순간이었다.

일본 기술자와 세계 과학자가 10년 동안 힘을 모은 결과가 흠잡을 데 없는 모양새로 세상에 공개됐다. 하지만 그 여정은 평탄함과는 정반대, 즉 고난과 악전고투의 연속이었다.

차
례

제5장 착륙 앞으로
─ 소행성 근접 운용/전반전

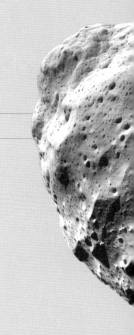

제1장

Hayabusa2,
an asteroid sample-return mission
operated by JAXA

'2호기'가
태동하기
까지

영화까지 만들어진 1호기

시곗바늘을 되돌려 2010년 6월 13일.

예정된 시간을 넘기고 7년간의 우주비행을 완수한 하야부사(1호기)가 정확하게 호주 상공에 도착했다. 선체 통째로 대기권에 돌입한 하야부사는 눈부신 빛과 열을 발산하는 불새로 변했다. 그러고는 소멸했다. 하지만 그때 혼불은 이미 대기권 돌입 캡슐에 옮겨 타 있었다. 대기권 돌입 8시간 전에 모선에서 떨어져 나온 캡슐은 하야부사 본체보다 조금 앞질러 비행하며 공력가열*로 인한 지옥불을 견디며 보란 듯이 호

---

* 공기 흐름이 꽉 막혀 공기의 운동에너지가 열에너지로 변환하는 것.

주 우메라 사막에 연착륙했다.

하야부사는 훌륭하게 임무를 완수했다. 그렇다고 계획대로만 된 것은 아니다. 아니, 오히려 계획 변경과 좌절이 더 많았던 듯하다. 여차여차했지만 소행성 표본회수 기술 완수를 실제로 증명했다. 더구나 결말도 극적이었다.

하야부사가 2003년 발사됐을 때부터 하야부사 미션에 참여했던 나는 그때 JAXA(일본 우주항공연구개발기구)의 사가미하라 우주관제센터ssoc에 있었다. 나는 귀환을 성공시킨 하야부사 프로젝트의 일원이라는 것이 무척 자랑스러웠다. 또한 예사롭지 않은 난관을 논리적으로, 기술에만 의지한 채 포기하지 않고 헤쳐나가면서 결국엔 성공에 이른 모든 과정이 기술자인 내게 피가 되고 살이 된 듯하다. 건방진 소리 같지만, 분명히 시련의 순간들이 나를 길러냈다. 나는 그 시기에 겪은 엄청난 체험을 다음 미션에서 되살리고 싶어 몸이 근질근질했다.

언제부터인가 하야부사는 소행성 탐사선으로 불렸지만, 하야부사의 본래 목적은 별의 부스러기를 가지고 돌아오는 기술, 즉 표본회수sample return 기술을 실현하는 것이었다. 사실 지구에서 달보다 멀리 떨어진 천체에서 표본을 채취하고 회수해 온 일은 하야부사가 세계 최초였다.

하야부사가 거둔 첫 번째 수확은 기술 축적이다. ① 전기추진에 의한 우주항해 기술 ② 화상을 이용한 소행성 접근 및 착륙비행 제어 기술 ③ 표본채취 기술 ④ 소행성 간 공간에서 직접적인 대기권 돌입 및 표본회수 기술. 하야부사는 표본회수 미션에 필요한 이 모든 기술을 실증했다.

두 번째 수확은 과학적 성과다. 수달 모양의 특이한 소행성 이토카와를 탐사함으로써 소행성 과학은 크게 진전했다. 또한 적은 양이긴 해도 하야부사가 가져온 소행성 표본은 지표물 분석기술을 괄목할 만한 수준으로 끌어올렸다. 그로부터 10년이 지난 현시점에도 이토카와 표본은 전 세계 과학자들의 손을 거쳐 과학적 성과를 낳고 있다.

놀라운 것은 세 번째 수확인데, 사회적 반향이 무척 컸다는 사실이다. 세계 최초로 소행성 표본회수 탐사에 성공한 쾌거는 전 세계에 공개됐고, 교과서에도 실렸으며, 영화로도 만들어졌다. 일본의 우주과학이 그만큼 각광을 받은 적은 없었다. 이 사건 하나로 일본의 우주과학은 우주탐사가 원래 지니고 있는 파급력이 어느 정도인지, 과학과 기술 모두를 뛰어넘는 사회적 책무가 무엇인지 실전 체험으로 배웠다.

변화하는 하야부사 후속 미션

하야부사 2탄. 차세대 탐사 미션의 구상은 하야부사를 쏘아 올린 직후인 2004년 무렵부터 시작됐다. 소천체 탐사 워킹그룹이라는 연구모임이 JAXA에 설치됐고, 국내외 연구자들이 모여들었다. 하야부사 기술을 살린 두 번째 소천체 탐사에 대한 논의가 시작됐다.

당시에도, 그 이전(2003년)에 하야부사가 발사된 시기에도, 태양계 탐사 미션(달보다 멀리 떨어진 천체로 가는 미션)이라 하면 편도 탐사가 상식이었다. 즉 지구에서 탐사선을 쏘아 올리고 목표 천체에 도달해 관측 결과를 전파로 보내는 방식이다. 달리 말해 왕복 탐사는 훨씬 더 어려운 기술이라는 뜻이다.

그런 사정으로 하야부사는 개발 당시부터 우주탐사계에서 주목을 받았다. 어쨌거나 표본회수는 탐사의 궁극기(가장 강력한 기술을 이르는 온라인게임 용어) 가운데 하나다. 미국 아폴로 계획과 소련 루나 계획에서 채취한 달의 돌덩이, 미국 탐사선 스타더스트가 빌트2 혜성을 지나는 찰나에 채취한 혜성 먼지, 미국 탐사선 제네시스가 채취한 태양풍 입자. 인류가 능동적으로 우주에서 표본을 가져온 사례는 고작 이 정도다. 달보다 먼 천체에 곧바로 도착하여 착륙한 다음 별의 부스러기를 채취하고 지구로 귀환한 것은 하야부사가 처음이었다. 고작 500킬로그램의 탐사선으로 이같이 복잡한 왕복 비행 시스템을 만들어 낸 것은 우주공학 사상 획기적인 사건이었다.

나는 대학원생이던 2000년 즈음에 하야부사 계획을 알게 됐다. 우주공학을 막 접하고 그럭저럭 우주탐사의 실태를 배우고 있던 나에게 하야부사 계획은 한 발짝 도움닫기를 넘어 두세 발짝 앞을 내디디려는 대담한 계획으로 비쳤다. 바야흐로 일본이 그 계획을 실행에 옮기려 하고 있었다. 더구나 그 계획을 지휘하는 이가 눈앞에서 궤도역학 강의를 하고 있는 가와구치 준이치로川口淳一郎 선생이었으니….

하야부사를 성공적으로 개발하고 발사까지 이뤄내면서 일본의 표본 회수 기술은 해외로부터 주목받는다. 2005년에는 하야부사 Mk-II(Mk는 Mark. 마크 투)라는 이름으로 일본과 유럽의 공동 미션이 검토되기 시작했다. 하야부사를 한층 대형화하고, 지구와 목성의 궤도 사이를 타원을 그리며 도는 지름 4킬로미터급 소행성 윌슨-해링턴으로 탐사선을 보내는 계획이 수립됐다.

그러나 이 계획은 이내 엎어졌다. 유럽 쪽에서 Mk-II 계획을 승인하지 않았기 때문이다. 하야부사 자체에도 문제가 있었다. 자세제어 장치인 반작용 조절용 바퀴reaction wheel의 고장, 착륙 후 행방불명, 화학추진제의 상실. 이런 일들로 하야부사 미션은 만신창이가 됐다.

하야부사가 표본회수 기술을 확립한 것일까. 100퍼센트 그렇다고 말할 수는 없다. 다음 포석은 하야부사로 시도한 기술을 공고하게 만드는 일이 되어야 하지 않을까. 이런 논의 끝에 탄생한 것이 하야부사2 구상이다.

그런데 2010년에 하야부사는 드라마처럼 지구 귀환에 성공한다. 이 성공으로 하야부사2는 수세적인 계획에서 공세적인 계획으로 바뀌었다. 이렇게 대단한 기술이 단절되어서야 되겠냐는 여론의 지원도 있었다. 하야부사의 설계를 바탕으로 최신 연구성과와 기술을 한껏 담아 소천체 탐사의 세계를 활짝 열어젖히자! 그런 에너지가 넘쳐흐르는 계획으로 모습을 갖춰나갔다.

왜 소행성인가

이쯤에서 소행성이란 어떤 천체인지 알아보자. 다들 알다시피 태양계에는 태양이라는 항성 둘레에 수-금-지-화-목-토-천-해, 8개 행성이 돌고 있다. 어떤 행성 주위에는 여러 위성(지구라면 달)이 돌기도 한다. 또 태양계에는 소행성과 혜성이 존재한다. 이 둘을 뭉뚱그려 소천체라 부르기도 한다. 2020년 현재 발견된 소천체만 99만 개 이상이다.

이들 소천체는 지구상의 망원경으로 발견됐다. 망원경 기술은 나날이 발전하고 있다. 성능이 향상되면 더 어두운 별과 더 작은 별을 볼 수 있을 것이다. 지금까지 발견된 소행성은 수십 미터급까지다. 그것보다 작아서 발견되지 않은 것까지 포함하면 태양계의 소천체 숫자는 100만 개를 가뿐히 넘길 것이다.

그래서 태양계는 넘치지도 모자라지도 않을 만큼 북적거리는 곳이라 할 수 있다. 태양계의 참모습과 생성 원인을 이해하려고 큰 행성만 살펴본다면 전체의 한 단면만 알게 될 뿐이다.

인류는 몇 개의 소행성에 탐사선을 날려 보내 가까운 거리에서 그 모습을 관찰한 적이 있다. 다음 페이지의 사진(이미지 1)을 보면 소행성과 혜성의 생김새와 크기는 무척 다채롭다. 이런 소천체 사진을 보고 있노라면 오히려 지구처럼 커다란 행성이 둥글다는 사실이 기적 같다.

사실 소행성의 둥글지 않음이 과학적으로는 상당히 중요한 의미를 갖는다. 수성, 금성, 지구, 화성과 같이 지각地殼을 지닌 행성이 공 모양

이미지 1 과거에 탐사선이 간 적 있는 소천체(출처: 행성협회[Planetary Society]).

이라는 사실은 과거에 천체가 전부 녹아 물컹물컹한 시기가 있었음을 의미한다. 액체는 우주 같은 무중력 공간에선 가장 대칭적인(균정한) 형태인 공 모양으로 뭉치려 한다(이것을 표면장력이라 부른다). 지금도 지구 내부는 마그마라는 액체로 채워져 있다.

높은 열은 물질의 성질을 바꾼다. 어떤 물질에 고열을 가하면 물질은 그 이전 정보를 잃어버린다. 그렇기 때문에 공 모양 행성을 아무리 조사해 봐도 그 행성의 현재 나이보다 오래된 정보는 알 수 없다. 게다가 지면이 식은 후에도 대기에 의한 풍화, 해류에 의한 침식, 화산활동 같은 지각변동(지구에선 거기에 더해 생명활동)으로 행성 표면은 끊임없이 변한다. 그래서 거대한 행성은 태양계 46억 년 역사를 조사하기엔 부적합하다.

소천체의 일그러진 형태는 소천체의 상태가 먼 옛날의 모습 그대로라는 사실을 말해준다. 또한 소천체는 크기가 작아 침식이나 풍화 작용이 없기 때문에 태양계가 생겨났을 당시의 상태를 그대로 간직하고 있을 가능성이 높다. 소천체가 태양계의 화석이라 불리는 까닭이다.

그래서 지구의 환경과 태양계 역사를 이해하는 데 소천체 연구는 매우 큰 의의를 갖는다.

목표는 C형 소행성

하야부사와 하야부사2는 계획수립 측면에서 결정적인 차이점이 있다. 하야부사는 공학실증 미션으로 기획됐고, 하야부사2는 소행성탐사 미션으로 기획됐다는 점이다. 하야부사의 미션은 세계 최초로 지구와 소행성 간 왕복 비행을 시도하는 것이었다. 과연 소행성에 갔다가 되돌아올 수 있을 것인가, 표본을 채취할 수 있을 것인가. 이른바 표본회수라는 콘셉트의 기술을 실증하는 게 목적이었다.

극단적으로 말하면 하야부사가 갈 소행성은 어디라도 상관없었다. 사실 행선지는 개발 지연 등으로 두 차례 변경됐다. 계획이 변경되지 않았더라면 이토카와라는 이름은 다른 소행성에 붙여졌을 것이다.

하야부사2는 다르다. 하야부사로 이룬 표본회수 기술을 바탕으로 가고 싶은 천체로 가보자는 것이 하야부사2의 계획이었다. 하야부사 프로젝트의 매니저였던 가와구치는 곧잘 "하야부사2라는 이름을 안 썼어야 해"라고 말했다. 왜냐하면 그 미션이야말로 제1호 소행성탐사 미션이 아니겠냐는 믿음이 강했기 때문이다. 그래서 그는 "하야부사와 다르니 실패하지 말라"라며 우리를 압박하곤 했다.

그렇다면 가고 싶은 곳이란 어디인가? 여기서 키워드는 C형 소행성이다. 소행성은 망원경으로 보이는 색(전문용어로 스펙트럼)에 따라 분류된다. 가령 S형, C형, D형, E형, P형, M형 하는 식이다. 지구 주위에 가장 많은 소행성 형태가 S형(S는 암석질Stony을 의미한다)이다. 이토카와

와도 S형이다. 우리가 하야부사2 계획에서 주목한 것은 C형인데, C는 탄소질Carbonaceous을 의미한다.

C형 소행성은 탄소와 물을 품고 있을 것으로 추정된다. 탄소는 유기물인 탄소 원자가 기다란 사슬처럼 줄줄이 얽힌 상태로 존재하고, 물은 암석 안에 수질광물이라는 형태로 존재하는 것으로 알려져 있다. 탄소와 물은 우리 별 지구에 사는 생물에겐 친숙한, 생명의 근간을 이루는 원물질이다. 그런 물질이 태양계에 어떻게 산재해 있는지 연구하는 일은 지구 위 생명체의 기원을 밝히는 실마리를 제공할 수 있다. 결국 태양계 역사와 더불어 생명의 기원에 관한 지식을 알려준다는 것, 그것이 C형 소행성의 매력이다.

C형 소행성의 매력은 또 있다. S형 소행성 다음으로 지구 공전궤도와 가까운 영역에 많이 존재하는 타입이 C형이라는 점이다. 바꿔 말해, C형은 우리 기술로 도달하기 쉬운 천체다. 기술적으로 따져봐도, S형 소행성 탐사에 버금가는 것이 C형 소행성 탐사라는 건 자연스러운 귀결이다.

'하야부사2가 생명의 기원을 규명한다'라는 거창한 카피가 붙는 경우가 심심찮게 있다. 하야부사2 계획에 몸담은 우리들로선 살짝 낯간지러운 문구다. 생명의 기원은 그리 단순한 테마가 아니다. 과학이란 작지만 확고한 증거를 하나씩 하나씩 차곡차곡 쌓아 올림으로써 성립된다. 하야부사2도 방대한 과학 활동에서 하나의 퍼즐 조각을 끼우는 일에 기여하려고 노력한다. C형 소행성에서 발견되는 탄소가 지구의 생명과 관련 있는 것으로 판명되든, 그 정반대의 경우든, 탄소는 생명의 기원을 탐구하는 데 중요한 물적 증거다. 우리 과학자들은 실제로 그런 겸허한 마음가짐으로 임한다. 학회와 학술논문에서 하야부사2를 설명할 때도 지구 생명의 기원에 제약을 가하는 미션이라고 밝힌다. 물론 속으론 언제나 대발견을 기대하고 있지만 말이다.

환상적인 아이디어 '독립 임팩터'

2009년까지 하야부사2 구상은 C형 소행성 공략을 제외하면 하야부사의 리메이크remake 성격이 강했다. 하야부사에게 없는 완전 새로운 아이디어를 담을 수 없을까. 그런 논의가 쭉 이어졌다. 나타났다 사라지는 아이디어들 가운데 몇몇 새로운 기술이 하야부사2에 도입됐다. 개중에 백미가 임팩터impactor다.

임팩터는 말 그대로 소행성을 향해 임팩트(충돌)하는 장치다. 물체를 소행성에 충돌시켜 구멍을 내고 지하물질을 파낸 후 조사하는 용도다. 천체의 땅 밑을 조사하기. 하야부사도 실현하지 못한 일이다. 세계 어느 나라도 실현하지 못한 과학계의 비원悲願이었다. 그래, 하야부사2로 과학계의 비원을 풀어보자. 지하탐사를 하야부사2의 테마로 정하자. 그런 움직임이 2009년쯤부터 시작됐다.

땅에 구멍을 뚫는 일. 지구상에선 일상적으로 이뤄지기 때문에 대단한 일이 아니라 여길지 모르겠다. 하지만 소행성에서는 결코 녹록지 않다. 무중력과 거의 동일한 환경에서 곡괭이나 드릴로 구멍을 파려 들면 반력反力으로 사람이 공중에 붕 떠버린다. 더구나 소행성의 성질, 즉 지형과 지표의 강도를 전혀 모르는 상태라면? 이런 상황에서 확실하게 땅을 파내려면 어떻게 해야 할까. 우리는 몇 가지 아이디어를 짜내고 검토해 보았다. 대표적인 네 가지는 다음과 같다.

(1) 독립 임팩터 방안: 고속으로 탐사선을 통째로 소행성에 충돌시킨다.

(2) 유도 미사일 방안: 탐사선에서 유도 비행체를 발사해 소행성에 충돌시킨다.

(3) 드릴 굴삭 방안: 소행성에 착륙한 탐사선이 드릴로 굴착한다.

(4) 소형 충돌장치 방안: 탐사선에서 분리한 무유도無誘導 비행체를 가속시켜 소행성에 충돌시킨다.

나를 포함한 검토 팀이 당초 희망했던 방안은 독립 임팩터였다. 독립 임팩터는 300킬로그램급 탐사선이다. 하야부사2 본체와 별도로 탐사선을 하나 더 준비해 두었는데, 그것을 독립 임팩터라 불렀다. 독립 임팩터는 하야부사2와 동일한 로켓에 실려 발사되지만 하야부사2와 다른 궤도를 돈다.

독립 임팩터 구상은 이랬다. 하야부사2가 소행성에 도착한 후 독립 임팩터는 초속 3.6킬로미터 속력으로 빠르게 돌진해 소행성과 충돌해 구멍을 낸다. 그리고 하야부사2는 이 모든 과정을 관측한다.

구멍을 뚫어낼 만큼 고속으로 비행하는 탐사선을 고작 지름 1킬로미터밖에 안 되는 소행성에 정확히 맞힐 수 있을까. 이 부분이 최대의 기술적 난제였다. 하야부사2 착륙 때 활약하는 자세·궤도 제어 시스템을 담당할 데루이 후유토照井冬人와 나, 그리고 몇몇은 기술 검토에 들어갔고, 그것을 현실화할 방도를 강구했다. 그런데 결국 탐사선을 하나 더 만들 돈이 없다는 이유로 독립 임팩터 방안은 없던 일로 됐다.

이처럼 결승선 코앞까지 갔다가 무산된 활동은 우주개발에서 비일비재하다. 좋은 아이디어들이 전부 채택되었다면 하야부사2는 더 장대한 미션이 됐을 것이다. 현재 미국과 유럽이 함께 운석으로부터 지구를 지키는 기술을 실증하기 위해 탐사선을 소행성에 충돌시켜 소행성 궤도를 바꾸려는 미증유의 미션을 2020년대에 실시할 계획이다. NASA는 탐사선 다트DART, 유럽은 탐사선 헤라HERA를 쏘아 올려 소행성 충돌 순간을 관측하려 한다.* 우리의 독립 임팩터 방안은 미국과 유럽의 계획보다 10년 앞섰으니, 특별하다고 할 순 없어도 '꼭 했어야 했는데…'라는 아쉬움은 떨칠 수 없다.

하지만 모든 아이디어가 폐기된 것은 아니다. (4)번의 소형 충돌장치 방식으로 임팩터를 대체하는 내용이 하야부사2 계획에 담겼다. 이것이

---

* 이 계획은 2022년 9월에 성공했다. NASA 우주선 다트가 소행성 디모르포스와 충돌해 소행성의 궤도를 변경시켰다.

10년 후 세계를 깜짝 놀라게 하는 대성과를 거둔다. 성공의 씨앗은 이렇게 뿌려졌다.

세계의 눈은 소천체로

소천체 탐사 사상 첫 황금시대는 뭐니 뭐니 해도 1986년 핼리 혜성 탐사 때다. 일본, 유럽, 소련, 미국은 저마다 탐사선을 1~2기씩 만들어 1986년 핼리 혜성이 지구에 가장 근접하는 단 한번의 순간에 맞춰 한꺼번에 쏘아 올렸다. 이른바 핼리 함대다. 이때 일본은 사키가케, 스이세이 두 탐사선으로 심우주탐사(달보다 멀리 비행하는 미션)를 실현했다. 일본 우주기술 사상 기념비적 사건이었다.

당시 초등학교 4학년생이었던 나는 때마침 산타클로스한테 받은 망원경으로 꿈에 그리던 핼리 혜성을 아버지와 함께 관찰했다. 그와 동시에 핼리 함대를 소개하는 방송과 책을 보고 또 보았다. 특히 방어 실드를 갖춘 유럽 탐사선 지오토Giotto가 꼬리를 늘어뜨린 핼리 혜성에 돌진하면서 영상을 찍는 장면에선 흥분을 감출 수가 없었다.

핼리 함대의 탐사 방식은 전부 플라이바이flyby 탐사다. 플라이바이 탐사란 탐사선이 천체 근처를 통과하도록 날려 보낸 다음(전형적으로는 수백~수천 킬로미터 떨어진 곳) 탐사선이 천체를 지나치는 순간을 놓치지 않고 일발 필살의 재주를 부리듯 천체를 관측하는 방식이다.

그러다가 21세기 들어와서야 랑데부rendezvous 탐사가 가능해졌다. 랑데부 탐사는 플라이바이 탐사보다 한층 까다로운 기술이다. 상대속도를 죽여가며 천체에 접근하고, 마지막엔 천체의 공전궤도*에 진입하거나 천체의 상공에 정지하는 기술이다(결국 랑데부 한다). 당연히 더 높은 항공우주기술과 더 많은 연료가 필요하다.

소천체 랑데부 탐사가 무수히 꽃을 피운 2000～2010년대가 소천체 탐사의 제2의 황금시대다. 2000년 미국 탐사선 니어 슈메이커NEAR Shoemaker가 지구 근처 소행성 에로스에 도착했다. 탐사선은 에로스의 공전궤도를 돌며 1년간 탐사를 수행한 뒤 실험 삼아 에로스에 착륙하며 미션을 마감했다. 2005년 하야부사는 이토카와에 도착한 후 착륙했고, 2010년 지구로 귀환했다. 미국 탐사선 돈Dawn은 2011년부터 1년 동안 수성과 목성 사이 소행성대(혹은 소행성띠)에 속한 베스타를 빙빙 돌며 탐사했다. 돈은 베스타를 떠나 2015년 준행성準行星 케레스에 도착했다. 약 3년간 케레스 주위를 돌며 탐사를 한 후 미션을 종료했다. 유럽 탐사선 로제타Rosetta는 2014년 츄류모프-게라시멘코 혜성에 도착해 약 2년간의 궤도비행탐사를 마친 후 미션을 끝냈다.

소천체 탐사의 제2의 황금시대는 플라이바이 탐사에서 랑데부 탐사를 거쳐 최고봉인 왕복 탐사에 도달한 시기다. 왕복 탐사의 가장 큰 매력은 별의 부스러기를 손에 넣을 수 있다는 점이다. 그래서 제2의 황금

---

* 원서에선 주회궤도周回軌道로 쓰고 있다. 주회란 하나의 중심을 놓고 도는 것이다. 공전궤도가 의미 전달이 쉬울 듯해서 공전궤도로 쓴다.

시대에 일찌감치 왕복 비행을 실현한 하야부사의 존재는 우주개발 사상 가장 드라마틱한 충격파를 던졌다.

천체가 아무리 작아도 행성 간 비행을 실시해 천체의 표본을 가지고 돌아올 수 있다. 역설적이지만 다른 별의 물질을 손에 넣고 분석할 수 있다는 사실은 소천체 탐사의 과학적 가치를 비약적으로 끌어올렸다.

일본은 2010년대에 하야부사2를 계획했다. 뒤이어 미국도 이 분야에 뛰어들었다. 소행성 베누Bennu의 표본을 얻으려는 오시리스-렉스 미션이다. 유럽도 소행성 2008 EV5의 표본회수를 목표로 한 마르코폴로-R 미션을 입안했으나 아쉽게도 승인을 얻지 못한 채 막을 내렸다.

흥미롭게도 하야부사2, 오시리스-렉스, 마르코폴로-R은 하나같이 탄소질 소행성을 노렸다. 류구와 2008 EV5는 C형 소행성, 베누는 B형 소행성으로 B형은 C형과 친척관계다. 이들 행성은 탄소와 수질광물을 풍부하게 지니고 있다. 세계 소천체 과학계의 조류를 감안할 때, 소행성 표본회수 탐사를 시도한다면 키워드는 탄소였다. 경쟁이 격렬하게 불붙기 시작한 소천체 미션의 세계. 하야부사로 그 세계를 열어젖힌 일본은 하야부사2 발사로 2014년 우여곡절 끝에 C형 소행성 표본회수 미션의 첫 주자가 됐다.

삼고초려와 지시하달

JAXA의 달·행성탐사 프로그램 그룹(통칭 JSPEC)이라는 부서가 하야부사2의 입안과 계획 단계를 맡았다. JSPEC은 현재 하야부사2를 소관하는 우주과학연구소(우주연)와는 별개의 조직으로, 2007년 가와구치 준이치로를 사령탑으로 출범한 젊고 활기찬 조직이었다. JSPEC은 달 탐사선 가구야와 하야부사를 관할했다. 그 밖에 소형 태양광전력 비행 실험선 이카로스 미션을 창안해 2010년 발사하기도 했다.

하야부사2 계획에 시동을 걸기 위한 대외 협상은 가와구치와 요시카와 마코토吉川真가 맡았다. 요시카와는 하야부사2 계획 심사위원장이었다. JSPEC의 미나미노 히로유키南野浩之, 나카자와 사토루中澤暁가 현장에서 계획을 조정하며 분투했다. 시스템공학, 프로젝트 운영 등에 관여한 두 사람은 프로젝트 가동에 없어선 안 될 매니지먼트 전문가다. 하야부사2 개발을 스케줄대로 완수하게끔 이끈 공로자들이다. 나카자와는 하야부사2 발사 후 프로젝트 매니저*를 맡아 탐사선의 귀환 때까지 실력을 유감없이 발휘한다.

당시 나는 하야부사와 하야부사2에도 관여했지만 이카로스 개발에 힘을 쏟고 있었다. 이카로스는 흡사 요트처럼 우주 공간에서 면적이 넓

---

* 탐사에서 프로젝트 매니저는 계획, 개발, 실행 등 임무 전반을 관리하는 직책이다. 목표 설정, 자원 및 인원 배분을 총괄하고, 탐사 중 문제가 발생하면 대처 방안을 마련한다. 팀원 간 소통을 원활히 하는 것도 주요 역할이다.

은 초경량 돛을 펼쳐 태양광 에너지를 받아 추진하는 태양광 비행 기술을 세계 최초로 구현한 탐사선이다.

일반적인 과학위성 프로젝트 예산의 10퍼센트에 불과한 초저예산으로 움직인 이카로스는 게릴라식 미션이었다. 프로젝트의 정규 멤버는 팀장과 나, 둘뿐이었다. 그 밖에 핵심 멤버 5명 정도로 꾸려나갔기 때문에 나는 다른 일에 신경 쓸 겨를이 없었다.

그런 와중에 하야부사2에 시동이 걸릴지, 제동이 걸릴지 판가름할 중대한 순간이 찾아왔다. 미나미노와 나카자와는 하야부사, 이카로스를 통해 현장 지식을 습득한 나에게 하야부사2의 매니지먼트 일이라도 거들어 달라며 여러 차례 러브콜을 보냈다. 하지만 그 두 분을 잘 몰랐던 나는 그들을 수상쩍은 중매꾼 아저씨 정도로만 여겼다.

애시당초 나는 기술적인 측면에서만 하야부사2에 관여하고 있었다. 나의 전문성과 연구 방향성을 하야부사2에 반영하는 일엔 열과 성을 다했지만 이카로스에 정신이 팔린 나머지 하야부사2 매니지먼트에는 거의 협력하지 않았다.

그때 미나미노와 나카자와가 보여준 열의를 생각하면 그들에게 차마 고개를 들 수 없다. 그들은 몇 번씩이나 나를 찾아왔다. 현장 지식이 조금 있지만 남의 말은 조금도 들으려 하지 않는 나에게 "하야부사2에 모시고자 합니다"라며 삼고초려 하듯 인내심을 가지고 대해주었다. 그 덕분에 지금의 내가 있고 하야부사2 팀이 있다. 진심이다. 좀 고약하게 구는 게 아닌가 싶은 마음이 든 나는 2009년 즈음부터 찔끔찔끔 계획문서 작성을 도와주기 시작했다.

훗날 하야부사2가 무사히 발사되고 나서 나는 미나미노와 나카자와에게 사과했다. 그들은 "수상쩍은 아저씨는 좀 심했어. 우린 아저씨는 아니거든"이라고 했다.

2009년 8월, JSPEC의 프로그램 디렉터 가와구치가 나를 불렀다.

"하야부사2 방안을 구체화할 작업을 본격화하려 하네. 하야부사 운용을 익히 알고 있는 자네가 시스템 조정 담당자를 맡아주면 좋겠어. 이 일을 메인으로 여겨줬으면 하네."

해석컨대, 이카로스에만 매달려 있지 말고 요시카와, 미나미노, 나카자와를 도와주라는 말이었다. 그것보다 하야부사2의 기술개발을 주도할 수 있다는 점이 커다란 매력으로 다가왔다. 가와구치는 조정 업무 이외에도 "하야부사2에서 자네가 펼치고 싶은 기술을 시도해 봐도 되네"라고 말하기도 했다. 나는 이카로스를 끝까지 맡게 해주는 조건으로 가와구치의 요청을 받아들였다. 그때부터 나는 하야부사2 팀에서 프로젝트 엔지니어로 불리게 됐다.

내가 프로젝트 엔지니어 직책을 수락할 때 요구한 조건이 하나 더 있었다. 기술 인력을 선발할 수 있는 권한이다. 하야부사2를 성공시키기 위해 꼭 필요한 기술을 가진 사람을 내가 제안할 수 있게 해달라고 요청했다. 하야부사2처럼 단기간에 도전적인 탐사선을 개발하려면 실패의 경험이 있는 인력, 머리가 아니라 손을 쓰면서 기술을 업그레이드하는 인력이 있어야 한다. 과거 경험에 대한 존중과 새로운 것에 대한 도전을 균형감 있게 컨트롤할 수 있는 멤버가 필요하다. 나는 그런 타입의 사람이야말로 어려운 기술을 실제로 적용하고 구현할 수 있다고 굳게 믿고 있었다.

그런 타입의 사람은 JAXA 내부에도 많지 않다. 나는 프로젝트 엔지니어 역할 수락 전후로 하야부사2를 테마로 한 기술개발과 연구에 그런 타입의 인재를 끌어들이기 위해 꾸준히 노력했다. 베테랑이냐 신참이냐 따지지 않았다. 학생이든 직원이든 혹은 제조회사든 연구원이든 상관 안 했다. 이카로스와 그 이전에 초소형 위성을 개발할 때 생긴 인맥도 도움이 됐다. 하야부사2 계획을 추진하는 JAXA 상층부 사람들은 그런 내 행동을 응원해 주었다. 그런 소질을 갖춘 팀이 꾸려진다면 내가 가진 능력을 발휘할 수 있겠다고 생각했다.

이 시기 하야부사2 계획안에 대한 정부의 역풍은 거셌다. 요시카와, 가와구치와 JSPEC, JAXA의 상층부가 온몸으로 역풍에 맞섰다. 우리 하야부사2 계획 팀은 그 방풍림의 안쪽에서 언제라도 개발을 시작할 수 있게끔 흔들림 없이 착착 계획 작업을 진행했다.

그 당시 솔직한 내 심정은 하야부사2 계획이 실현될 확률이 50퍼센트만 돼도 감사하겠다는 것이었다. 2010년 6월에 하야부사가 기적적으로 생환하면서 바람의 방향은 180도 바뀌지만, 당시에는 그런 기대도 없었고, 마치 출구 없는 어둠 속을 한없이 걷는 기분이었다.

제2장

Hayabusa2,
an asteroid sample-return mission
operated by JAXA

하야부사2
계획 세우기와
설계

이렇게 높은 레벨의 미션이 가능할까

예상치 못한 하야부사의 대인기에 힘입어 2010년부터 2011년 사이 하야부사2 계획은 정신 못 차릴 만큼 빠르게 진행됐다. 역풍은 순식간에 순풍으로 바뀌었다. 2011년 5월엔 하야부사2 프로젝트 팀이 정식으로 출범했다. 그것은 정부로부터 예산을 따내고, 국가사업으로 공식 허가를 받았음을 뜻했다. 발사는 2014년 12월 중에 하기로 했다.

프로젝트의 골격도 갖춰졌다. 우주 미션이 결정될 때 가장 먼저 해야 할 게 미션의 정의다. 그것은 프로젝트의 헌법 같은 것으로, 하야부사2가 이루고자 하는 최대 목표다.

하야부사2는 2호기답게 과학 목표와 공학 목표를 나란히 설정했다.

목표 설정은 마침내 본격적인 탐사의 닻이 올랐다고 대내외에 알리는 당당한 선언이다.

과학 목표

1 C형 소행성의 과학적 특성을 조사한다. 특히 광물, 물, 유기물의 상호작용을 밝힌단 → 물, 유기물 탐사

2 소행성의 재결합* 과정, 내부 구조, 지하물질 등을 직접 조사를 통해 소행성 형성 과정을 조사한다.

  → 소행성 구조, 땅속 정보의 획득

공학 목표

1 하야부사에서 시도한 새로운 기술에 대해 강건성robustness, 확실성, 운용성을 향상해 기술적으로 성장시킨다.

  → 소천체 표본회수 기술의 완성 및 진화

2 충돌체衝突体를 천체에 충돌시키는 실험을 한다.

  → 굴착 기술의 실증

그리고 이 미션의 정의들에 상응하는 석세스 크리테리아Success Criteria(성공 기준)를 설정한다. 각 목표마다 무엇으로 성공을 판단할지 사전에 명확히 정해두는 작업이다. 하야부사2는 이 성공 기준을 달성

---

* 소행성은 우주 공간 작은 덩어리들이 서로 충돌하면서 쪼개지고 합쳐지는 과정을 거쳐 형성된다. 재결합이란 소행성의 형성 과정을 일컫는다.

미션의 정의와 성공 기준

미션 목표	미니멈 석세스	풀 석세스	엑스트라 석세스
〈과학 목표1〉 C형 소행성의 과학적 특성을 조사한다. 특히 광물·물·유기물의 상호작용을 밝힌다.	소행성 근방에서 관측을 통해 C형 소행성의 지표면 물질에 관한 새로운 지식을 얻는다. 달성 여부 판단 시기 탐사선의 목표 천체 도달 1년 후	채취한 표본의 초기 분석으로 광물·물·유기물의 상호작용에 관한 새로운 지식을 얻는다. 달성 여부 판단 시기 표본회수 캡슐의 지구 귀환 1년 후	천체 규모 및 세부 규모의 정보를 통합해 지구·바다·생명의 재료물질에 관한 새로운 과학적 성과를 높인다. 달성 여부 판단 시기 표본회수 캡슐의 지구 귀환 1년 후
〈과학 목표2〉 소행성의 재결합 과정·내부 구조·지하물질의 직접 조사로 소행성의 형성 과정을 조사한다.	소행성 근방에서 관측을 통해 소행성 내부 구조에 관한 지식을 얻는다. 달성 여부 판단 시기 탐사선의 목표 천체 도달 1년 후	충돌체의 충돌로 일어나는 현상의 관측을 통해 소행성의 내부 구조·지하물질에 관한 새로운 지식을 얻는다. 달성 여부 판단 시기 탐사선의 목표 천체 이탈까지	• 충돌 파괴·재결합 과정에 관한 새로운 지식을 바탕으로 소행성 형성 과정에 대해 과학적 성과를 거둔다. • 탐사 로봇으로 소행성의 표층 환경에 관한 새로운 지식을 얻는다. 달성 여부 판단 시기 탐사선의 목표 천체 도달 1년 후
〈공학 목표1〉 하야부사에서 시도한 새로운 기술에 대해 강건성, 확실성, 운용성을 향상시켜 기술적으로 성숙시킨다.	이온엔진을 이용한 심우주 추진으로 목표 천체와 랑데부 한다. 달성 여부 판단 시기 탐사선의 목표 천체 도달 시점	• 탐사 로봇을 소행성 표면에 떨어뜨린다. • 소행성 표면 표본을 채취한다. • 재돌입 캡슐을 지구 위에서 회수한다. 달성 여부 판단 시기 표본회수 캡슐의 지구 귀환 시점	없음
〈공학 목표2〉 충돌체를 천체에 충돌시키는 실험을 한다.	충돌체를 목표 천체에 충돌시키는 시스템을 구축하고, 소행성에 충돌시킨다. 달성 여부 판단 시기 생성된 충돌구 확인 시점	특정한 구역에 충돌체를 충돌시킨다. 달성 여부 판단 시기 생성된 충돌구 확인 시점	충돌에 따라 표면에 노출된 소행성 지하물질의 표본을 채취한다. 달성 여부 판단 시기 표본회수 캡슐의 지구 귀환 시점

하도록 설계되며, 프로젝트에 어떤 인력이 필요한지, 어떤 부분에 집중적으로 투입할지 등이 결정된다.

하야부사2 프로젝트의 성공 기준은 세 단계로 나뉘어 설정됐다(표 참조). 미니멈 석세스minimum success는 성공으로 삼는 최저선最低線이다. 심우주를 이온엔진ion engine으로 비행, 류구에 무사히 도착, 류구의 관측을 통해 과학적 지식을 얻는 것으로 정의했다. 또한 충돌체를 소행성에 맞히는 것도 미니멈 석세스로 설정했다.

풀 석세스full success는 완전성공이다. 류구의 표본 채취, 지표 위로 착륙선 내려놓기, 겨냥한 지점에서 인공 충돌구crater(크레이터)를 만들고 그곳에서 과학적 지식을 얻는 것으로 정의했다. 또 지구 귀환 이후 초기 표본분석도 풀 석세스로 정의했다.

엑스트라 석세스extra success는 가능한 한 이루려는 성공 카테고리다. 어쨌든 류구는 인류가 한 번도 가본 적 없는 천체다. 하야부사2를 아무리 고성능으로 만들어도 류구의 환경에 따라 이룰 수 없는 것도 있기 마련이다. 모처럼 애써서 찾아가는 천체이니만큼 노릴 수 있는 것은 100퍼센트 확률이 아니어도 노려보고 싶었다. 그런 목표를 엑스트라 석세스로 정했다. 구체적으로 말하면 류구의 종합적인 과학 지식 얻기와 인공 충돌구 내 지하물질 채취다.

이렇게 놓고 보면, 하야부사2 미션의 난이도는 하야부사에 비해 월등히 높아졌음을 알 수 있다. 하야부사는 하나만 성공해도 100점이 되는 평가방식인 데 반해 하야부사2는 소행성 도착이 최저선(미니멈 석세스), 표본을 채취한 후 지구로 되돌아와야 제대로 성공(풀 석세스)한 것으로 여겨지기 때문이다.

'이토록 레벨이 높은 미션이 가능하겠는가.' 하야부사 1호기가 없었다면 우리 기술자 모두는 틀림없이 그런 생각을 했을 것이다.

'소행성 착륙과 지구~소행성 왕복 기술은 내가 맡는 수밖에 없겠구나.' 나는 각오를 다졌다. 하지만 인공 충돌구 만들기는 또 다른 난제로, 내 능력 밖이었다.

사이키 다카나오佐伯孝尚라는 사내는 인공 충돌구를 만드는 소형 충돌장치 개발을 담당한 인물이다. 우주공학의 최고수인 그는 자잘한 것도 그냥 넘기는 법이 없는 완벽주의 탓에 어려운 일도 악착같이 해냈다. 훗날 내가 프로젝트 매니저에 임명됐을 때 내 바통을 이어받아 프로젝트 엔지니어를 맡은 그는 하야부사2 미션의 정의定義에 불만을 가졌다. 그의 말인즉, 충돌장치는 말할 것도 없고 미션 자체가 세계 최초인 데다 미쳤다고 할 만큼 도전적이건만 그런 미션을 미니멈 석세스로 설정하다니 말이 되느냐, 하야부사2 프로젝트 사람들은 모두 미친 것 아니냐는 투였다. 공학자로서 매우 냉철한 견해였는데, 백번 지당한 말씀이다. 하지만 나와 다른 멤버들의 생각은 달랐다. 다른 사람도 아닌 우주공학의 최고수 사이키가 충돌장치를 담당하기 때문에 미니멈 석세스로 설정할 수 있었다. 사실 그는 이런 식의 불만을 내뱉으면서도 적극적으로 도왔다. 사이키 덕분에 하야부사2는 하야부사와 질적으로 다른 성과를 목표로 삼는다고, 새로운 기술에 적극적으로 도전한다고 명쾌하게 선언할 수 있는 미션이 됐다.

　이 뒤로는 '비행계획 세우기' '탐사선 선체는 어떤 설계로 이뤄졌나' '표본회수의 핵심 기술' '미션에 재미를 더한 괴짜 기술' '모든 이의 꿈을 싣다' '국경을 뛰어넘은 팀 구성' 등 하야부사2 계획을 여섯 부분으로 나눠 중요한 포인트를 짚어보겠다.

비행계획 세우기

1 목표 천체 찾기

소행성 탐사계획을 세울 때 가장 먼저 하는 작업이 행선지가 될 소행성 찾기다. 대상 후보는 이미 발견된 수십만 개의 소행성이다. 그중에서 C형 소행성이나 하야부사2의 성능으로 왕복 비행 가능한 천체를 골라낸다. 이 단계에서 하야부사2와 발사 로켓의 성능은 미확정 상태이지만 어림셈법으로 후보를 좁혀나간다.

　이때 궤도설계 담당의 첫 임무가 시작된다. 궤도설계는 비선형非線型 캔버스 위에 그리는 그림 같은 것이다. 비선형이란 곧지 않은 공간을 가리킨다. 2개의 점을 잇는 최단거리는 자를 대고 직선을 그으면 그만이지만 궤도설계의 자는 곧지 않다. 전문용어로 원추곡선이라 불리는 곡선형이다. 그 법칙을 지키며 태양계 모든 별들의 중력을 되도록 거스르지 않으면서 막힘 없이 매끄러운 곡선을 그리면 훌륭한 궤도설계라 할 수 있다. 직선과 달리 2개의 점을 잇는 선을 그리는 방식은 여러 가지다. 그래서 궤도설계는 설계자의 감성과 센스를 반영할 여지가 있다.

소행성 후보군을 놓고, 소행성과 지구가 이어지게끔 궤도설계용 곡선 자를 대어본다. 표현상 자이지 실제로는 복잡한 계산이 필요하기 때문에 궤도설계는 골치 아픈 작업이다. 이 과정을 거친 결과, 눈에 들어온 후보 소행성은 3개였다. 류구, 베누, 2008 EV5. 각각 일본, 미국, 유럽의 표본회수 탐사계획들이 겨냥한 곳이다.

소행성이 수십만 개나 있는데 후보가 달랑 3개뿐이라니 뜻밖일지 모르겠다. 두 가지 이유가 있다. 첫째, 하야부사2의 능력으로 왕복 비행할 수 있는 지구의 공전궤도 부근에는 C형 소행성의 개수 자체가 적기 때문이고, 둘째로 궤도설계에서 타이밍과 연료를 나란히 충족시키기란 무척 어렵기 때문이다. 신기하게도 딱 3개만 눈에 띄어 일본, 미국, 유럽이 각자 하나씩 나눠 가진 것은 행운이라 해야 할지 모르겠다(아쉽게도 유럽의 계획은 사라졌지만).

현 인류의 기술로 갈 수 있는 C형 소행성 류구의 존재는 더할 나위 없이 값지다. 궤도설계 결과는 그 점을 여실히 보여준다.

여담이지만, 소행성 가운데 S형, C형 따위처럼 타입이 미처 조사되지 못한 소행성도 무수히 많다. 그런 미지의 별들 중에도 우리가 좇고 있는 C형 소행성이 있을지 모른다. 뭐가 어찌 될지 몰랐던 막연한 시기부터 행성의 타입은 모를망정 궤도는 이미 알려진, 하야부사2의 능력으로 도달할 수 있는 소행성을 찾아낸 후 전 세계 천문대에 관측을 의뢰

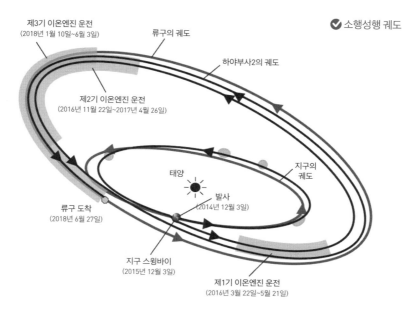

소행성행 궤도

제3기 이온엔진 운전
(2018년 1월 10일~6월 3일)

류구의 궤도

하야부사2의 궤도

제2기 이온엔진 운전
(2016년 11월 22일~2017년 4월 26일)

지구의
궤도

태양

발사
(2014년 12월 3일)

류구 도착
(2018년 6월 27일)

지구 스윙바이
(2015년 12월 3일)

제1기 이온엔진 운전
(2016년 3월 22일~5월 21일)

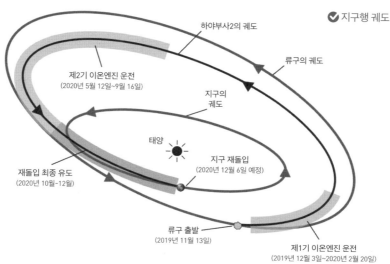

지구행 궤도

하야부사2의 궤도

류구의 궤도

제2기 이온엔진 운전
(2020년 5월 12일~9월 16일)

지구의
궤도

태양

지구 재돌입
(2020년 12월 6일 예정)

재돌입 최종 유도
(2020년 10월~12월)

류구 출발
(2019년 11월 13일)

제1기 이온엔진 운전
(2019년 12월 3일~2020년 2월 20일)

이미지 2 **하야부사2 궤도계획(ⓒJAXA, JAXA의 원래 이미지를 바탕으로 저자가 그림).**

했다. 소행성의 타입을 식별해 달라고 요청한 것이다.

프로젝트는 언제라도 예기치 못한 사태에 맞닥뜨리기 마련이다. 만일 어떤 이유로 프로젝트가 지연되고 류구를 포기해야 할 상황이 발생하더라도 하야부사2 계획 자체는 물거품이 되지 않도록 지푸라기라도 잡자는 심정으로 소행성 수십 개를 관측했다. 결과는 빈손이었다. 이처럼 프로젝트 활동에는 일을 진척시킨 것뿐만 아니라 수고를 마다하지 않고 리스크를 줄이며 토대를 다져가는 묵묵한 노력들이 많이 녹아있다.

2 연속 추력 궤도설계의 묘미

목표 천체가 류구로 결정되고 궤도설계도 마무리됐다(이미지 2). 궤도설계의 전모는 다음과 같다.

지구 출발은 2014년 12월. 곧장 류구로 향하지 않고, 먼저 1년 동안 지구와 나란히 발 맞춰 달리듯 비행한다. 1년 지난 2015년 12월에 다시 지구로 접근해 스윙바이swingby에 돌입한다. 지구 스윙바이를 통해 류구 쪽으로 궤도를 틀어 가속한다. 2년 반 동안 비행한 후 2018년 6월에 류구에 도착한다. 류구 상공에 머무는 기간은 1년 반이다. 2019년 11월 류구를 떠난다. 1년간 비행한 다음 2020년 12월 지구로 귀환한다.

류구로 가는 길도, 지구로 돌아오는 길도 궤도제어는 이온엔진으로 한다. 이온엔진으로 얻는 가속량 합계는 시속 5,400킬로미터가량. 고속철도 신칸센의 20배, 비행기의 6배와 맞먹는 속력이다. 무게 609킬로그램에 불과한 탐사선이 고작 30킬로그램가량의 연료로 이만큼의 가속량을 내니 이온엔진의 위력은 정말 대단하다.

오로지 이온엔진만 활용하는 궤도설계는 그리 간단하지 않다. 여러 날 동안 연속적으로 엔진을 분사하기 때문이다. 추력推力을 발생시키지 않는 자연상태 천체의 궤도와 달리 설계도상에선 탐사 내내 궤도의 형태가 바뀐다. 그때그때 올바른 방향으로, 또한 정확한 강도로 엔진을 분사해야 목적지에 닿을 수 있다. 17세기부터 알려진 고전적 케플러 법칙은 적용되지 않는다. 특별한 궤도설계 기술이 필요하다.

이 같은 연속 추력 궤도설계는 하야부사2에 꼭 필요했는데, 궤도설계는 JAXA와 NEC日本電気(닛폰덴키)의 공동작업으로 진행됐다. JAXA 측에선 내가 담당했고, NEC 측에선 가토 다카아키加藤貴昭, 마쓰오카 마사토시松岡正敏 등이 담당했다. 특히 마쓰오카는 듬직한 베테랑으로 하야부사 1호기의 궤도설계도 맡았었다.

궤도설계 소프트웨어 부문에선 JAXA와 NEC가 각각 독자적인 알고리즘을 개발했다. NEC의 가토는 하야부사에서 이어받은 것들을 솜씨 좋게 하야부사2 맞춤용으로 재개발했다. JAXA 측에선 내가 가와구치의 조언을 참조해 새로이 만들었다. 이렇게 만들어진 두 가지 독자적인 소프트웨어로 지구~류구 왕복 52억 4,000만 킬로미터 비행 계획을 다양한 관점에서 따져보며, 10미터 이하 수준으로 정밀도가 일치할 때까지 서로 다듬어 나갔다.

다듬기 공조를 하고 있는데 다짜고짜 '나도 참전하겠다' 하는 무리가 불쑥불쑥 나타났다. 하야부사2 프로젝트의 흥미로웠던 단면이다. 궤도계산에 잔뼈가 굵은 JAXA 멤버나, 궤도결정(태양계 내 어디를 비행할지를 계산하는 내비게이션)을 담당하는 제조업체 후지쯔富士通의 담당자 등이 '내 계산으로는 이렇습니다'라며 도전장을 내밀었다. 이들처럼 태양계 비행을 재미있게 여긴 애호가가 있었기에 하야부사2 비행의 신뢰도는 높아졌다.

3 스윙바이 원리

태양계 탐사용 궤도설계 중에는 마법을 부린 듯한 우아함과 복잡함을 지닌 것들이 있다. 미국 탐사선 보이저Voyager는 목성, 수성, 토성, 천왕성, 해왕성을 차례차례 스윙바이 하며 점차 비행 속도를 올린 끝에 태양계를 벗어났다. 마찬가지로 미국 탐사선 갈릴레오는 목성에 도달하기 위해 (지구의 바깥쪽이 아니라 안쪽에 있는) 금성에서 한 차례, 지구에서 두 차례 스윙바이를 실행했다. 현재 수성을 향해 날고 있는 일본·유럽 공동 미션 베피콜롬보BepiColombo는 수성에 도달하기 위해 지구에서 한 차례, 금성에서 두 차례, 수성에서 여섯 차례나 스윙바이를 실시한다.

조율된 복잡함이라고나 할까. 내가 궤도설계에 빠져들게 된 계기는 그와 같은 마법의 진수를 알고 싶은 마음에서 비롯됐다.

이쯤에서 스윙바이의 원리와 효과를 알기 쉽게 설명해 보겠다. 스윙바이란 행성에 최대한 가까이 탐사선을 날려 보내 행성의 중력을 이용

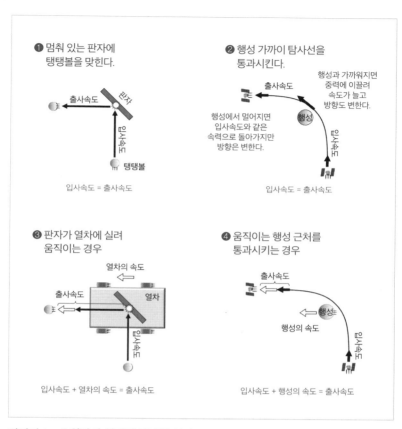

❶ 멈춰 있는 판자에 탱탱볼을 맞힌다.

출사속도

판자

입사속도

탱탱볼

입사속도 = 출사속도

❷ 행성 가까이 탐사선을 통과시킨다.

출사속도

행성과 가까워지면 중력에 이끌려 속도가 늘고 방향도 변한다.

행성

행성에서 멀어지면 입사속도와 같은 속력으로 돌아가지만 방향은 변한다.

입사속도

입사속도 = 출사속도

❸ 판자가 열차에 실려 움직이는 경우

열차의 속도

출사속도

열차

입사속도

입사속도 + 열차의 속도 = 출사속도

❹ 움직이는 행성 근처를 통과시키는 경우

출사속도

행성

행성의 속도

입사속도

입사속도 + 행성의 속도 = 출사속도

이미지 3 **스윙바이 원리의 간단한 설명**(저자 작성).

해 비행궤도를 크게 바꾸는 기술이다. 연료 소모 없이 비행 속도를 낮췄다 높였다 되풀이하면서 비행 방향에 변화를 준다.

무한원점無限遠點에서 일정한 속도入射速度(입사속도)로 물체를 행성 가까이 날려 보내면 행성 중력의 영향을 받아 비행 속도는 차츰 높아진다. 그리고 행성 부근에서 중력의 영향으로 궤도는 휘어진 후 행성과 점점 멀어져 간다. 행성과 멀어져 갈 때에도 행성의 중력이 끌어당기기 때문에 거꾸로 속도는 차츰 줄어든다. 마지막엔 무한원점과 멀어졌을 때의 속도出射速度(출사속도)가 입사속도와 똑같아진다. 결국 물체를 행성 부근으로 날려 보내면 전과 후의 속도는 변하지 않고 방향만 바뀐다(이미지 3의 ❷).

이것은 비스듬히 기울여 놓은 나무판자에 합성고무로 만든 탱탱볼을 던졌을 때 벌어지는 현상과 매우 닮았다. 나무판자에 탱탱볼을 던지면 판자의 각도에 따라 탱탱볼이 튀어 나가는 방향은 변하지만 나무판자에 부딪히기 전과 후의 탱탱볼 빠르기는 변하지 않는다(이미지 3의 ❶). 고등학교 물리 과목에서 가르치는 용어로 운동량 보존 법칙 및 역학적 에너지 보존 법칙이라는 것이다. 탱탱볼과 스윙바이는 동일한 물리법칙으로 설명된다. 탱탱볼이 튀어 나가는 방향이 나무판자의 각도에 따라 조정되는 것처럼 스윙바이도 행성에 얼마만큼 근접해서 지나느냐에 따라 궤도의 휨을 조정할 수 있다.

자, 중요한 건 이제부터다. 만약 나무판자가 열차 위에 얹혀 있고, 열차가 일정한 빠르기로 움직이고 있다면 어떻게 될까. 열차에 탄 사람의 눈으로 볼 때 탱탱볼이 튀어 나가기 전과 후의 빠르기는 변하지 않는다. 하지만 열차 바깥에 있는 사람(탱탱볼을 던진 사람)이 볼 때는 다르다. 탱탱볼이 튀어 나간 직후엔 탱탱볼의 빠르기에 열차의 속도가 더해져 탱탱볼의 빠르기는 변한다(이미지 3의 ❸).

행성은 태양의 둘레를 공전하기 때문에 항상 움직이고 있다. 태양계를 비행하는 탐사선은 행성 최근방으로 일정한 속도로 다가간다. 행성 근방을 통과하는 탐사선은 마치 나무판자에 부딪힌 탱탱볼처럼 비행 방향이 변한다. 행성 위에서 이 모습을 관찰하면 비행 속도는 변함없는데 비행 방향만 바뀌는 것처럼 보인다. 하지만 외부에서(태양계 전체를 부감하는 시점에서) 이 모습을 바라보면 행성의 속도만큼 더해져 탐사선의 속도가 증가하거나 감소한다(이미지 3의 ❹). 이런 식으로 연료 소모 없이 원하는 비행 속도를 얻는 것이 스윙바이다.

스윙바이 기술은 행성 근방 어느 지점을 지나느냐에 따라 궤도가 휘는 양상과 증속량을 아주 미세하게 조정할 수 있다. 나무판자 각도가 조금이라도 바뀌면 탱탱볼의 출사속도와 방향이 변하는 것과 같은 이치다. 그래서 원하는 출사속도를 얻으려면 상당히 정밀하게 행성 근방의 한 지점을 통과시켜야 한다. 또한 행성의 엄청난 중력을 이용할 수 있기 때문에 연료를 아무리 많이 써도 불가능할 것만 같은 급격한 궤도 변경도 가능하다. 이것이 바로 궤도 설계자들이 구사하는 마법의 실체다.

하야부사2의 경우 지구의 중력을 활용한 스윙바이를 실시하기로 했다. 왜냐하면 로켓의 발사 능력만으로 류구에 도달할 만큼 에너지가 충분하지 않기 때문이다. (정확히 말해, 하는 데까지 해보자는 심산으로 밀어붙였다면 가능했겠지만 아마도 여유 없는 궤도설계가 탄생했을 것이다) 지구 스윙바이로 얻을 수 있는 증속량은 시속 5,800킬로미터다. 이온엔진의 가속량이 시속 5,400킬로미터이기 때문에 이온엔진과 스윙바이의 위력을 거의 반반씩 활용하면 하야부사2는 왕복 비행할 수 있다.

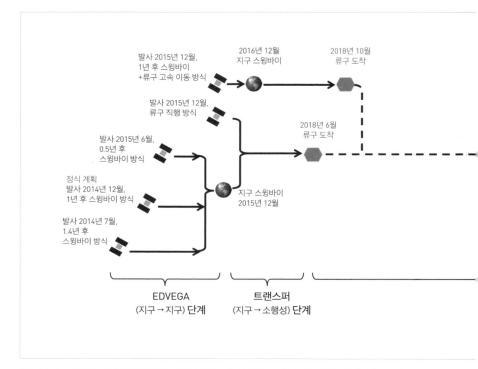

이미지 4 **하야부사2의 백업용 궤도설계들**(저자 작성, 모든 날짜는 설계 단계의 한 사례).

1호기도 지구 스윙바이를 구사했다. 하야부사와 하야부사2는 현재의 로켓 기술과 엔진 기술로 도달 가능한 영역 그 너머를 노렸다. 우리가 갈고닦아 온 궤도설계 기술이 있었기에 가능한 일이었다.

4 비행계획을 마무리 짓다

스윙바이를 활용함에 따라 류구에 도달할 수 있는 비행계획 종류는 부쩍 늘어났다. 지구를 출발해 류구에 도착, 그리고 류구를 떠나 지구로

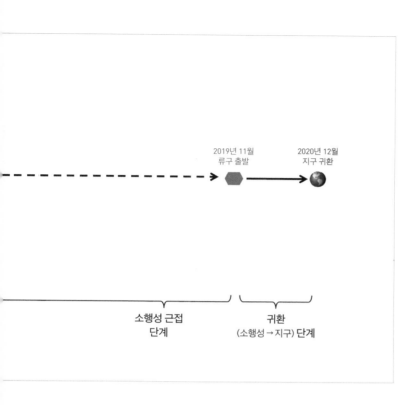

2019년 11월
류구 출발

2020년 12월
지구 귀환

소행성 근접
단계

귀환
(소행성→지구) 단계

돌아오는 일련의 비행을 짧지도 길지도 않은 기간에 마칠 수 있는 비행 경로는 그닥 많지 않다. 시기를 2010년대로 한정하면 류구에 도착할 기회는 2018년뿐이라는 계산이 나왔다.

그런데 스윙바이를 끼워 넣으면 류구 도달 시기는 손대지 않은 채 발사 시기만 변화를 줄 수 있다. 그 시기들 가운데 하야부사2 계획상 리스크가 가장 작은 시나리오를 선택한 결과가 2014년 12월 발사였다. 그밖에 2014년 7월 발사, 2015년 6월 발사, 2015년 12월 발사 등도 있었다(이미지 4). 그러나 발사가 당겨지면 탐사선 개발 스케줄이 압박을 받고, 발사가 늦춰지면 류구까지 비행해야 할 시간이 짧아져 이온엔진 가동률이 올라가기 때문에 운용상의 리스크 해소에 어려움이 따른다.

비행계획 완성의 또 다른 주역으로 H2A 로켓을 빼놓을 수 없다. 하야부사2는 H2A 로켓 26호기에 실려 발사됐다. 발사 때 H2A 로켓 최초로 롱 코스트라는 발사 방식이 적용됐다. 하야부사2 프로젝트 팀이 H2A 로켓 제작을 맡은 미쓰비시중공업에 이 방식을 제안했다. 롱 코스트란 하야부사2를 심우주로 보내기 전에 지구를 한 바퀴 빙 돌고 나서 지구 중력권을 벗어나는 비행 기법이다.

하야부사2 발사 직후에 이뤄질 지상국과의 통신, 발사 당일 일조량 등을 감안하니 롱 코스트 방식이 바람직했다. 하지만 필요 이상으로 1시간 반에 걸쳐 지구 둘레를 비행하기 때문에 로켓의 연료인 액체수소, 액체산소가 증발하지 않도록, 비행 중에 로켓이 하야부사2에 전력을 공급하도록, 비행 정밀도를 유지하도록 하는 연구 등 하야부사2 맞춤형 연구가 적잖이 필요했다. 미쓰비시중공업 엔지니어들은 이와 같은 새로운 도전들에 과감하게 뛰어들어 훌륭하게 돌파했다. 이렇게 탄생한 신기술은 하야부사2 용도를 넘어 H2A 로켓의 새로운 기능으로 장착됐다.

탐사선 선체는 어떤 설계로 이뤄졌나

이번엔 하야부사2 선체가 어떻게 설계됐는지 뜯어보겠다. 이 부분은 기술용어가 많다. 기술에 대한 애착이 많은 나머지 쓰다 보니 내용이 길어졌는데, 다음 내용을 빨리 보고 싶은 독자는 건너뛰어도 상관없다.

궤도설계와 추진 성능은 한 세트다. 궤도설계가 완성되는 시점에 탐사선의 스펙(성능)은 결정된다. 탐사선 무게는 약 600킬로그램. 이온엔진 추력은 최대 30밀리뉴턴(알루미늄 소재 1엔짜리 동전 약 3개 상당). 무게, 추력 모두 하야부사 1호기보다 25퍼센트 늘었다. 좌우 날개로 고정식 태양광 패들이 하나씩 달려 있는데 발전 능력은 최대 2.5킬로와트다. 탐사선 윗면에는 지구와 통신하는 편평한 고이득高利得 안테나가 2개인데, 동그란 잠자리 안경처럼 나란히 설치된 게 이채롭다(이미지 5).

류구에 도착하면 소행성 쪽으로 향하게 되는 탐사선의 아랫부분에는 관측기계들이 빼곡하게 탑재됐다. 광학항법 카메라ONC-T, ONC-W1, 중간적외 카메라TIR, 근적외 분광계NIRS3, 레이저 고도계LIDAR, LRF 등. 그 밖에 착륙 때 가동할 표본채취관, 타깃 마커target marker, 그리고 인공 충돌구를 뚫기 위한 충돌장치SCI, 지표탐사 로봇(미네르바II) 등이 있다.

탐사선 측면에는 별을 촬영하며 자신이 가고 있는 방향을 계산하는 별 추적기star tracker라는 카메라가 2대, 대기권 돌입 캡슐, 착륙기 마스

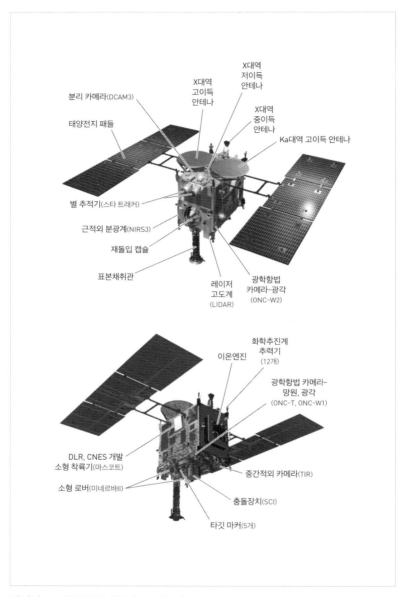

분리 카메라(DCAM3)

태양전지 패들

X대역 고이득 안테나

X대역 저이득 안테나

X대역 중이득 안테나

Ka대역 고이득 안테나

별 추적기(스타 트래커)

근적외 분광계(NIRS3)

재돌입 캡슐

표본채취관

레이저 고도계 (LIDAR)

광학항법 카메라-광각 (ONC-W2)

화학추진계 추력기 (12개)

이온엔진

광학항법 카메라- 망원, 광각 (ONC-T, ONC-W1)

DLR, CNES 개발 소형 착륙기(마스코트)

소형 로버(미네르바II)

중간적외 카메라(TIR)

충돌장치(SCI)

타깃 마커(5개)

이미지 5 완성된 하야부사2의 겉모습. ©JAXA

코트MASCOT, 이온엔진, 광학항법 카메라ONC-W2가 빙 둘러 배치됐다. 그리고 탐사선 내부의 열을 붙잡아 두기 위한 방열판이 설치돼 있다. 화학추진계 분사장치thruster(스러스터)는 모두 12기, 선체가 모든 방향으로 병진·회전운동을 할 수 있도록 여러 방향을 향해 분사구가 설치됐다.

하야부사2 안테나는 앞서 언급한 고이득 안테나 외에 2개의 안테나가 더 있다. 탐사선이 제 몸을 어느 방향으로 틀든 지구와 통신이 가능하도록 조그마한 크기의 저이득低利得 안테나와 중이득中利得 안테나도 부착됐다. 고이득 안테나가 강하게 응축된 전파 에너지를 지구로 보내는 데 비해, 저이득과 중이득 안테나는 넓은 범위를 커버하지만 전파는 약하다. 그렇다 보니 수신은 상대적으로 더디다.

매우 비좁은 탐사선 내부에도 각종 장치들이 즐비하다. 탐사선을 돌리는 심장에 해당하는 컴퓨터가 5대다. 이 컴퓨터들은 데이터 처리, 자세유도비행, 항법화상처리, 미션 수행용 기기 제어 등을 맡는다. 화학추진 시스템, 이온엔진 추진제 탱크도 탐사선 내부에 설치되어 있다. 모든 컴퓨터는 자율적으로 판단하고, 그 판단에 따라 자동적으로 작업을 해나갈 수 있다. 그러니까 하야부사2는 다섯 개의 두뇌로 움직이는 분산 시스템이라고 요약할 수 있다.

하야부사2의 외양은 하야부사 1호기를 닮았는데, 1호기가 쌓은 기술을 최대한 살리려 했기 때문이다. 실제로 1호기가 물려준 유산 덕택에 프로젝트 출범 후 불과 3년 반 만에 발사에 성공할 수 있었다. 태양전지를 어디에 부착할 것인가, 어떤 식으로 소행성 표본을 채취할 것인가와 같은 탐사선 구조를 좌우하는 기본적인 사항의 콘셉트 검토는 건너뛸 수 있었다. 1호기의 설계철학을 답습하고, 탑재할 기계는 최신식으로 한다는 것이 우리의 개발 방침이었다.

1호기 무게가 510킬로그램이었기에 2호기 탐사선 무게는 약 100킬로그램 더 무거워진 셈이다. 100킬로그램 중 절반은 1호기에서 발생한 문제점이 재발하지 않도록 신뢰성을 높이는 데 사용되었고, 나머지 절반은 류구 탐사를 제대로 이행하기 위한 관측기계를 충실히 갖추는 데 투자했다.

표본회수의 핵심 기술

하야부사2의 핵심 기술은 무엇인가? 그렇게 묻는다면 다음 네 가지라고 답하겠다. 첫째 이온엔진, 둘째 광학유도항법, 셋째 표본채취 기술, 넷째 고속 대기돌입 기술. 이것들은 1호 하야부사가 공학실증 항목으로 내걸었던 탐사 활동의 뼈대다. 하야부사의 4대 기술을 살리고, 진화시키는 것이 하야부사2 계획의 기술적 요체였다.

1 이온엔진

크세논Xenon을 연료로 쓰는 이온엔진은 연비가 가장 좋은 우주용 추진

이미지 6　**진공 공간에서의 이온엔진 분사 실험.** ⓒJAXA

기관이다(이미지 6). 크세논을 마이크로파 에너지로 전리電離한 후 전하를 띤 입자(플라스마라고 한다)에 고전압을 가한다. 양전하를 띤 입자가 마이너스 전극에 달라붙는 성질을 이용해 크세논의 플라스마 입자를 가속해 우주 공간으로 분출한다. 그 반동으로 탐사선을 이동시킨다. 이런 원리로 작동하는 이온엔진이 발휘할 수 있는 힘은 1그램중. 지구에서 1엔짜리 동전 하나를 들 수 있는 힘이다. 1년 내내 쉼 없이 1그램중을 발생시킬 수 있는 크세논 질량은 기껏해야 10킬로그램. 그 정도라면 하야부사2를 시속 2,000킬로미터까지 가속할 수 있다. 일반적인 로켓엔진(연료와 산화제의 화학반응을 이용한 추진기관)이 동일한 양의 연료로 가속할 수 있는 수준의 10배다. 힘은 약해도 지구력이 최강인 추진기관이 이온엔진이다.

이온엔진은 하야부사 1호기의 알토란 기술로, 4대가 탑재되었지만 4대 모두 비행 도중 고장났다. 망가진 엔진들의 기능을 조합해 어찌어찌 난관을 헤치고 탐사선을 지구로 귀환시켰는데, 이 대목은 불굴의 하야부사를 상징하는 장면으로 남아 있다.

하지만 우주연 이온엔진 그룹은 미담에 취해 있지만은 않았다. 그들은 하야부사 때 경험한 모든 문제점을 차기 탐사선 설계에 활용하기 위해 오랜 기간 착실히 연구했다.

2 광학유도항법

광학유도항법이란 조금 어려운 단어지만 시각 정보를 활용해 탐사선의 비행 경로를 조작하는 모든 기술로 이해하면 된다. 즉 탑재한 카메라로 소행성을 발견하고, 접근하고, 지형을 인식하고, 최종적으로 착륙을 유도하는 기술 전반을 포함한다.

아무래도 류구의 궤도는 지구상의 망원경으로 관측한 정보에만 의존하기 때문에 500킬로미터가량의 불확실성(이른바 오차)이 존재한다. 그러면 지름이 1킬로미터보다 작은 소행성에는 도달할 수 없다. 착륙은 꿈도 못 꾼다. 이를 해결하기 위해 탐사선 자체의 눈을 적극적으로 활용해 탐사선의 비행 루트를 결정하고, 그 결정에 따라 비행하도록 만드는 게 광학유도항법 기술이다.

하야부사2의 광학유도항법은 세 단계로 구성된다.

첫 단계는 소행성에 도착하는 단계. 태양계를 비행 중인 하야부사2가 우선 류구가 있을 법한 쪽을 촬영하고, 찍힌 화상을 통해 소행성의 위치를 특정한다. 이런 식으로 하면, 최소 500킬로미터의 오차가 있는 소행성의 상공 20킬로미터 위치에 하야부사2를 데려다 놓을 수 있다. 류구로부터 100만 킬로미터 이상 떨어진 곳에서 이 작업이 이뤄지기 때문에 해상도에서 1픽셀의 착오도 큰 영향을 끼친다. 따라서 매우 엄밀하게 측정하고, 매우 정밀하게 계산해야 한다.

두 번째는 소행성으로 하강하는 단계다. 류구 위 고도 20킬로미터 상공에서 착륙과 저고도 관측을 위해 고도를 천천히 낮추는 과정에서 하야부사2는 줄곧 카메라와 레이저 고도계로 자신의 위치를 측정한다. 화면의 어느 부분에 소행성이 찍히는지, 소행성의 지형이 어떻게 찍혔는지, 그리고 어떤 비행 루트를 택해야 할지, 이 모든 것을 지구 위의 전문 오퍼레이터가 계산한다. 즉 이 단계는 하야부사2와 지상의 오퍼레이터끼리 실시하는 공동 작업이다. 하야부사 1호기의 경우 애초에 탐사선 혼자 자동으로 이 단계를 이행하도록 설계되었다. 하지만 막상 하야부사의 카메라로 이토카와를 찍어보니 이토카와의 음영, 색조 등 상황이 시시각각 바뀐 탓에 하야부사의 자동시스템이 기절해 버리고 말았다. 그 대안으로 강구된 것이 탐사선과 지상이 한 몸이 되어 정확하게 소행성에 하강시키는 기술이었다. 하야부사2는 이 방식을 정식으로 채택했다. 여기에도 하야부사 1호기의 경험이 녹아 있는 셈이다.

세 번째는 소행성에 착륙하는 단계다. 류구 상공에 머무는 동안 탐사선과 지구 사이의 거리는 최소 2억 4,000만 킬로미터, 최대 3억 6,000만 킬로미터에 달한다. 탐사선과 지구의 통신은 편도로 14~20분 걸린다. 따라서 탐사선이 소행성 지표면에 아주 근접했을 때 지구로부터 명령을 받아 움직일 수 없다. 착륙 돌입 순간 최후의 500미터는 탐사선이 오직 혼자만의 힘으로 카메라와 레이저를 이용하여 자신의 위치를 측정하거나 궤도를 수정하며 착륙하도록 되어 있다. 착륙의 마지막 단계에선 타깃 마커라는 지름 10센티미터가량의 공기놀이 주머니*를 사용하는데, 이것에 대해선 뒷부분에서 자세히 설명하겠다.

하야부사2에선 두 가지 착륙방식을 계획했다. 하나는 1호기와 똑같은 방식인데, 착륙 정확도는 50미터 오차. 다른 하나는 하야부사2가 만들 인공 충돌구 가까이 착륙시키기 위해 새로이 고안한 핀포인트 터치다운Pinpoint Touchdown이라는 착륙방식이다. 이것의 정확도는 오차 2미터로 설정했다. 일반적인 착륙에선 타깃 마커 1개를 쓰지만 핀포인트 터치다운에서는 착륙 정확도를 높이기 위해 최대 3개의 타깃 마커를 사용한다. 핀포인트 터치다운 방식은 나중에 궁지에 몰린 하야부사2를 구해준다.

---

* 일본의 공기놀이는 두 손으로 모래주머니 서너 개를 저글링 하듯 갖고 노는 것이다. 타깃 마커의 크기도 그렇거니와 톡톡 튀면서 이동하는 방식이 저글링 하는 공기를 연상시켜서 이런 비유를 쓴 듯하다.

3 표본채취 기술

소행성 표본을 채취하는 방식은 일찌감치 하야부사를 답습하기로 했다. 우선 희귀 금속의 일종인 5그램짜리 탄탈럼제製 탄환을 초속 300미터로 지표면을 향해 쏜다. 적중 때 충격으로 파쇄되는 지표면의 부스러기 일부가 1미터 길이의 표본채취관 속으로 빨려 들어간다. 부스러기는 표본 컨테이너라 불리는 수납 용기 안으로 들어간다.

이 방식이 가진 이점은 소행성 표면이 모래든 암반이든 상관없이 믿음직하게 표본을 채취할 수 있다는 것이다. 표본 채취량의 예상치는 세 차례 착륙에 합계 100밀리그램. 그 정도 분량이면 전 세계 과학자가 연구용으로 쓰고 다음 세대 연구자에게 남겨주기에 충분하다. 물론 모래든 돌이든 공략 대상이 한쪽으로 정해진 상황이라면 더욱 효율적인 채취법을 찾아냈겠지만 닥치기 전엔 아무도 미래 일을 알 수 없다. 소행성 표본 채취의 성과를 확실히 끌어낼 최선책은 이 방식이었다.

1호기를 개량해 하야부사2 표본채취 장치를 만들 때 주로 세 가지에 역점을 두었다. 첫째, 표본 수납용기 내부의 칸을 2개에서 3개로 변경했다. 탐사선이 최대 세 차례 류구에 착륙하더라도 매번 채취한 표본이 뒤섞이는 일 없이 지구로 가져올 수 있다.

둘째, 하야부사2의 목적지가 C형 소행성이라서 표본을 채취할 때 부스러기에서 휘발하는 가스도 채취될 가능성이 있었다. 그래서 표본 수납용기의 밀폐성을 높여 가스가 새지 않도록 했다.

셋째, 표본채취관 끝, 즉 지표면과 닿는 부분에 갈고리발톱을 달았다. 이 장치는 착륙할 때 자잘한 돌멩이를 집어 올려 표본채취 확률을 높였다.

표본채취 장치는 하야부사2 선체에서 가장 복잡한 기계다. 탄환 발사, 표본 격납, 격납 후 표본 밀봉, 대기권 돌입 캡슐로 표본 이송. 표본을 표본채취 장치와 철저히 분리시키는 한편 표본이 캡슐 바깥으로 절대 빠져나가지 못하도록 단단히 묶어둔다. 일련의 과정은 아주 섬세한 움직임들로 짜여 있다.

표본채취 장치 개발 담당자는 사와다 히로타카澤田弘崇다. 그는 기계 설계 분야의 특급 전문가로서 대학 시절부터 나와 함께 소형 위성 개발에 몸 담은 동료다. 미남형에 항상 책상을 어질러 놓지만 일에는 열정적인 현실주의자다. 그는 하야부사 설계에서 개선할 점을 발견하고 제조업체와 함께 꾸준히 실험을 반복하면서 C형 소행성 전용 표본채취 장치를 착착 완성해 나갔다.

1호기의 경험을 살린 기술은 더 있다. 지구로 돌아온 표본을 꺼내는 방식이다. 1호기의 표본채취 장치는 정상적으로 작동했다. 하지만 우주에서 에러가 생기지 않도록 너무 견고하게 만든 탓에 지구로 귀환한 후 별 부스러기를 어떻게 꺼내야 할지 몰라 애를 먹었다. 그래서 하야부사2는 분해 순서까지 고려하여 업그레이드했다. 1호기 표본분석 팀의 실전 경험이 한몫했다. 1호기 지상 분석 팀이 처음부터 참여한 점도 하야부사2 계획을 크게 진화시킨 원동력이다.

4 대기권 고속 돌입 기술 '캡슐'

소행성으로 갔다 돌아온 탐사선에서 분리돼 지구에 닿는 최종 주자는 대기권 돌입(재돌입) 캡슐이다. 지름은 40센티미터가량이고, 중식냄비 웍처럼 생긴 외형은 내열판으로 빈틈없이 둘러싸여 있다. 캡슐은 대기권 돌입 때 공력가열(공기 흐름이 꽉 막혀 공기의 운동에너지가 열에너지로 변환하는 것)로 섭씨 수천 도까지 달궈져도 내부의 부품은 물론 가장 중요한 소행성 표본의 온도를 그대로 유지할 수 있다. 대기권 돌입 캡슐은 유인 우주선이나 인공위성과 달리 태양계를 비행하다 곧바로 고속(초속 약 12킬로미터)으로 지구 대기권에 돌진해도 견딜 수 있도록 만들었다. 단언컨대 캡슐은 표본회수를 위한 핵심 기술이다.

대기권 돌입 캡슐 역시 기계공학의 결정체다. 대기권에 돌입한 캡슐은 공력가열을 견딘 후 내열판을 분리하고 낙하산을 펼친다. 착륙지점을 알려주기 위해 비콘beacon* 전파를 발신하면서 완만하게 내려와 착지한다. 착륙 후 바람에 데굴데굴 구르거나 휙 날아가지 않도록 낙하산은 분리된다.

1호기는 대기권 돌입을 견디며 무사히 지구로 귀환하도록 최소한의 기능만 부여됐지만, 2호기에는 대기권 돌입 과정의 귀중한 비행환경 데이터를 측정하고 계산하는 장치(온도계와 가속도계)가 추가됐다.

---

* 봉화나 등대처럼 위치 정보를 전달하기 위해 신호를 주기적으로 전송하는 기기.

미션의 재미를 더한 괴짜 기술

지금까지 오직 미션의 핵심 기술만 설명했다. 하지만 하야부사2를 설명하려면 그 정도로는 부족하다. 조금 더 봐주기 바란다.

미션의 매력을 끌어올리기 위해, 귀중한 우주비행 기회를 유감없이 활용하기 위해, 제한된 공간에서 제한된 예산으로 최대한 연구하고, 최대한 즐기자. 그런 정신이 프로젝트 시작부터 하야부사2 팀 안에서 숨쉬고 있었다. 그 사례들을 소개하겠다.

1 임팩터SCI와 분리 카메라DCAM3

앞서 얘기한 대로 임팩터는 소형 충돌장치 방식으로 결정됐고, 사이키가 개발을 맡았다. 비행기를 탈 때 기내에 들고 타는 수화물을 캐리온 배기지Carry-on Baggage라고 하는데, 탐사선이 소행성까지 계속 품 안에 품고 간다는 의미에서 충돌장치 명칭을 스몰 캐리온 임팩터Small Carry-on Impactor, SCI로 지었다.

SCI는 원기둥 형태로 지름과 높이가 각각 30센티미터가량이다. 특대 사이즈 홀케이크에 그보다 작은 케이크를 겹친 크기다. 소행성으로부터 500미터 상공에서 하야부사2와 분리한 후 타이머로 기폭한다. 기폭 후 1밀리초(1,000분의 1초) 이하 눈 깜짝할 사이에 구리 재질 탄두를 초속 2킬로미터(시속 7,200킬로미터)로 가속한다. 성형폭약 기술이 적용됐는데, 지름 30센티미터의 편평한 구리 원판이 폭발 압력을 받아 날아가면서 둥그스름하게 변형된다. 소행성을 타격할 때는 지름 13센티미터의 공 모양 탄환으로 바뀐다. 상공에서 폭발한 후 100퍼센트 순수한 구리, 즉 순동 탄두가 소행성 표면에 충돌한다는 게 SCI의 요체다.

폭약은 탄소가 함유된 복잡한 화합물이라서 만약 (상공이 아니라) 소행성 표면에서 폭발하면 공들여 구멍을 뚫더라도 거기서 검출된 성분이 폭약에서 나온 것인지, 소행성이 원래 갖고 있는 성분인지 식별할 수 없다. 더구나 100퍼센트 순수한 구리인 순동은 자연계에 존재하지 않기 때문에 탄두의 소재로 제격이다.

SCI는 하야부사2에서 가장 새롭고 난이도 높은 기술인데 사이키와 닛폰코키日本工機, IHI에어로스페이스 등이 협력해 완벽하게 개발해냈다.

이 부분에서 한 가지 고민거리가 생겼다. SCI가 기폭할 때 탐사선은 안전한 장소로 피신해 있어야 한다는 것. SCI 기폭 및 소행성 임팩트 순간에 대량의 파편이 사방팔방 튄다. 그 파편에 맞아 하야부사2가 망가지면 큰일이다. 구멍 뚫는 기술은 먹히겠지만 탐사선을 포함한 전반적인 정확도는 여전히 부족했다.

2009년 어느 날 나, 사이키, 사와다 셋이 회의실에 모였다. 탐사선 대피경로와 충돌장치 설계도를 화이트보드에 그려가면서 토의했다. 두 가지 방안이 주로 논의됐다. 임팩트 지점 바로 위쪽으로 가능한 한 멀리 급상승할 것인가, 기폭지점에서 소행성의 반대쪽으로 돌아 들어가게끔 몇 차례 회전을 되풀이하며 소행성 뒤로 안전하게 숨을 것인가. 탐사선의 급상승은 간단하지만 확률적으로 위험도를 판단해야 하고, 소행성 뒤편으로 숨을 경우엔 탐사선 안전은 보장되지만 탐사선 작동이 너무 복잡해져 구현하기 만만찮다.

우리 3명의 성격은 완전 딴판이지만(내가 가장 진지함) 기술 감각은 서로 잘 맞았다.

"확률이 낮다고 위험도가 제로는 아니죠. 위쪽으로 대피하는 건 안 좋은 선택입니다."(미간에 주름을 잡으며 한껏 진지한 표정.)

"뒤로 돌아 들어가는 건 엄청 복잡하지 않나요? 이 모든 걸 하야부사2 혼자서 다 하게 한다고요?"(웃는 얼굴로 어이없어함.)

진지한 토의 끝에 위험은 반드시 피하되 도전은 하기로 했다. 마침내 소행성 반대편으로 돌아 들어가는 방식이 채택됨과 동시에 현안 하나가 자연스레 부상했다. 인공 충돌구 만들기에 성공했는지 여부를 어떻게 확인할 것인가였다. 임팩트 순간 하야부사2는 소행성 뒤편으로 달아나 있는 상태라 탐사선의 카메라로는 임팩트 장면을 촬영할 수 없다. 물론 사후에 임팩트 지점 상공으로 되돌아와 지형의 변화를 발견할 수 있으면 상관없지만, 100퍼센트 장담할 순 없다. 보일락 말락 하는 자그마한 충돌구가 만들어졌는지, 아니면 컨트롤이 나빠 임팩트에 실패했는지 분간할 수 없기 때문이다. 그보다 더 마음에 걸리는 게 있었다. 세계 최초의 도전인데 결정적인 순간을 기록하지 못하고 전과 후 변화만으로 구성된 상황증거로 성공을 확인해야 한다는 것은 아무래도 아쉬웠다. 이 문제의 해답을 얻은 때가 2010년이다.

"DCAM을 쓰자!" 사와다가 크게 소리쳤다. DCAM은 분리형 카메라Deployable Camera의 준말로 콜라 캔 사이즈의 무선 카메라다. 2010년 5월에 발사된 이카로스에 장착돼 솔라 세일Solar Sail*의 셀카를 찍어 지구에 보내 솔라 세일 분야에 충격을 주었다. 우리 3명은 하야부사2 개발 이전에 이카로스 개발에 관여했는데, 그때 사와다는 DCAM의 개발자였다. 우리는 DCAM이 이 문제를 멋들어지게 해결해 주리라 직감했다.

우리가 짠 작전은 이랬다. 탐사선이 소행성 뒤로 완전히 달아나기 전에 DCAM을 뱉어낸다. DCAM은 관측하기 가장 적당한 위치에서 임팩트 순간을 촬영하고, 자신이 피해를 입기 전에 실시간으로 대피 중인 탐사선에 화상을 송신한다. 간략히 말하면, 소행성 순찰 일회용 데이터 중계 위성이다.

이카로스에 장착된 2대의 카메라가 DCAM1, DCAM2였기에 하야부사2에 장착된 분리형 카메라는 DCAM3로 명명했다. 이후 사이언스 팀(물리학 팀) 멤버들도 DCAM3에 매력을 느껴 적극적으로 임하면서 하야부사2 계획을 더욱 알차게 만들었다.

2 탐사 로봇(미네르바II, 마스코트)

하야부사2에 탑재된 로봇은 4개였다. 그 가운데 미네르바MINERVA라

---

* 우주범선, 태양광돛이라고도 한다.

는 로봇의 명칭은 1호기에 탑재한 로봇의 이름을 물려받은 것이다. 2005년 11월 12일 첫 번째 미네르바는 소행성 이토카와를 향해 분리됐지만 궤도를 벗어나는 바람에 착지하지 못한 채 우주 미아가 됐다. 로봇 자체는 정상이었지만 결말은 실패였다. 미네르바를 개발한 사람은 우주연 소속 요시미쓰 데쓰오吉光徹雄다. 그때 그가 느꼈을 안타까움은 말로 표현하기 힘들 것이다. 미네르바는 외부로 노출된 가동可動 부분*이 전혀 없고, 내부에 설치된 플라이휠** 부착 모터가 회전하는 반력反力으로 소행성 표면 위를 깡총거리는hopping 획기적인 이동수단을 갖췄다. 소행성 위에서 이동탐사 기술을 실증하고 싶었는데 결국 시도조차 못 했다.

미네르바II-1A, 미네르바II-1B는 10년 만의 설욕전이었다. 또다시 요시미쓰가 담당했다. 두 미네르바 모두 무게 약 1.1킬로그램, 지름 18센티미터, 높이 7센티미터로 원기둥 형태다. 탐사선 팀이 요시미쓰에게 제시한 로봇의 무게는 최대 2.5킬로그램이었다. 요시미쓰는 그 무게 이내에서 로봇 2개를 만들어 내겠다고 제안해 온 터였다. 이번에는 무슨 일이 있더라도 성공시키겠다는 집념이 읽혔다.

미네르바II-1A 로봇은 카메라 4대, 미네르바II-1B 로봇은 카메라 3대를 탑재했다. 스테레오 비전(사진 여러 장을 조합해 입체적인 화면을 얻는 것)과 동영상 촬영도 가능하다. 가속도계, 온도계도 장착했는데, 각

---

* 　바퀴나 크롤러처럼 움직이는 장치.
** 　탄력차라고도 한다.

각 로봇의 이동 상황과 소행성 환경을 측정한다.

미네르바II-2는 도호쿠대학을 중심으로 일본 내 각 대학이 팀을 이뤄 개발했다. 무게 0.9킬로그램, 지름 15센티미터, 높이 14.6센티미터의 정팔각형 로봇이다. 이 로봇의 임무는 소행성이라는 특수 환경에서 네 종류의 이동수단을 실험하는 것, 그리고 카메라 2대, 온도 감지기, 가속도 감지기로 소행성 환경을 측정하는 일이었다.

마스코트MASCOT는 독일과 프랑스의 우주기구(DLR과 CNES)에서 개발됐다. 무게 약 10킬로그램, 가로세로 30센티미터, 높이 20센티미터의 직육면체 로봇이다. 이 로봇도 편심偏心 모터로 작동하는 이동수단을 내장했다. 탑재된 카메라, 분광현미경, 열방사 감지기, 자력磁力 감지기로 본격적인 과학관측이 가능하다. 작다고 우습게 봐선 안 되는 하나의 인공위성이다.

DLR(독일 항공우주연구소)로부터 마스코트를 하야부사2에 탑재하겠다는 약속을 받아낸 인물은 가와구치 준이치로다. 일본 입장에서 보면 개발자금을 투입하지 않고 하야부사2의 매력을 끌어올린 셈이다. 반면에 독일과 프랑스는 탐사선 하나 개발하지 않고도 소행성에 탐사 로봇을 보낼 수 있게 됐다. 서로 윈윈이다. 가와구치는 모름지기 외교란 이래야 한다는 것을 몸소 보여주었다.

가와구치로부터 바통을 이어받은 나와 우주연의 오카다 다쓰아키岡田達明는 윈윈을 구체화하기 위해 독일·프랑스 파트너들과 과학적·기술적 실무작업에 들어갔다. 독일·프랑스 측은 유럽 탐사선 로제타의 혜성

재돌입 캡슐
2020년 12월 6일
지구 대기권에 돌입

분리 카메라(DCAM3)
2019년 4월 5일
류구 상공에서 분리

착륙기 마스코트
2018년 10월 3일
류구 지표면에 착륙

미네르바II-1A(왼쪽, 통칭 이부)
미네르바II-1B(통칭 아울)
2018년 9월 21일
류구 지표면에 착륙

2019년 2월 22일
첫 번째 터치다운

2019년 7월 11일
두 번째 터치다운

미네르바II-2
2019년 10월 3일
류구 공전궤도에 투입

충돌기(SCI)
2019년 4월 5일
류구에 충돌

타깃 마커(5개)
2018년 10월 25일
류구 지표면에 설치(1개),
2019년 5월 30일
류구 지표면에 설치(1개),
2019년 9월 17일
류구 공전궤도에 투입(2개)

이미지 7   **하야부사2가 지닌 '원거리 필살기' 12개.** (사진 ⓒJAXA, 설명은 저자가 붙임)

착륙선 필라에Philae를 성공시킨 주역과 신참들이 중심이었다. 독일 기술자들은 하야부사2 팀이 현장에서 바로바로 결정해 나가는 모습에 깊은 인상을 받았다. 우리는 유럽과 일본을 자주 오가며 회의 때마다 중요한 사안을 결정했다. 나와 오카다는 즉시 대답하기 어려운 것이 생기면 그 자리에서 국제전화를 연결해 제조업체와 논의한 후 판단을 내렸다. 조직의 규모가 한층 크고 문서를 바탕으로 사업을 진행하는 유럽에선 우리와 같은 속도감이 없는 듯했다. 독일도 프랑스도 우리의 일처리 방식에 잘 따라주었다.

그나저나 하야부사2는 많은 분리체를 지니고 있다. 개발 팀은 '원거리 필살기는 재밌잖아'라는 생각을 공유했던 듯하다. 캡슐, 임팩터, 타깃 마커 등을 포함하면 자그마치 12개다(이미지 7). 각각의 분리체는 하야부사2라는 모선의 자식들이며, 분리된 순간 모선과 다른 영혼이 주입된다. 그래서 각 분리체마다 해당 기술자, 과학자끼리 모여 커뮤니티를 구성했다. 그런 식으로 분리체는 하야부사2 계획을 더욱 중층적이고 심오한 계획으로 도약시켰다. 팀 구성원들은 그 사실을 피부로 느끼며 잘 이해했다.

냉철한 기술자의 눈으로 봤을 때 하야부사2 미션이라는 요리에서 표본회수가 핵심 재료라면, 분리체는 요긴한 양념이다. (서로 영혼이 달라서) 미션 전체의 성패를 좌우하거나 모선 개발을 늦추거나 할 리스크는 적었다. 많은 매력, 적은 리스크. 바로 로봇의 장점이다.

3 Ka 대역 통신시스템과 델타도어 기술

하야부사2는 통신시스템도 크게 진화시켰다.

첫째가 Ka대역 송신기다. 태양계 탐사에서 지구와 우주 사이 통신에 많이 사용하는 주파수 대역은 7~8기가헤르츠의 X대역이다. 하야부사2 역시 주요 통신기기는 X대역을 채용했지만 추가로 32기가헤르츠의 Ka대역 통신기기도 탑재했다.

주파수를 높이면 그만큼 많은 데이터를 담을 수 있다. Ka대역의 주파수는 X대역의 4배라서 안테나 크기와 송신기 출력이 같아도 4배 많은 데이터를 전송할 수 있다. 하야부사 1호기는 이토카와에 도착했을 때 전송률 4~8kbps로 통신했는데, 류구 상공에서 하야부사2는 1호기와 거의 같은 거리에서 16~32kbps로 통신할 수 있다.

하지만 Ka대역은 약점이 있다. 우선 날씨에 취약하다. 주파수는 수증기에 약하다. 하야부사2가 쏜 Ka대역 전파는 수억 킬로미터 떨어진 우주 공간은 무난히 통과하지만, 지구의 여린 피부인 대기권에 비구름이 끼어 있으면 돌연 힘을 잃고 통신 불능에 빠진다. 두 번째 약점은 일본의 심우주 통신용 지상국(나가노현 우스다臼田와 가고시마현 우치노우라內之浦에 있는 안테나)에는 Ka대역을 수신할 수 있는 장비가 없다는 점이다. 통신기술 측면에서 일본보다 앞서 있고, 태양계 탐사의 최첨단을 달리는 유럽에서는 지상국도 Ka대역을 표준으로 삼아 관련 장비를 갖추고 있다. 그래서 하야부사2도 다른 나라 탐사선과 마찬가지로 주요 통신시스템은 X대역을 쓰고, Ka대역은 여건이 좋을 때만 순발력 있게 사용하기로 했다. Ka대역 통신은 류구 도착 후 짧은 시간 동안 가능한 많은 관측 데이터를 뽑아내 신속하게 분석할 때 톡톡히 한몫했다.

Ka대역 기능을 하야부사2에 탑재할 수 있었던 건 안테나의 진화 덕택이다. 꼼꼼한 사람이라면 1호기에 부착한 대형 파라볼라 안테나가

2호기에선 모양이 납작하고, 크기가 2배 작아진 안테나 2개로 교체된 사실을 눈치챘을 것이다. 2개 중 한쪽이 X대역 안테나이고, 다른 한쪽이 Ka대역 안테나다. 이 안테나는 풀어 쓰면 나선형 전류 공급 슬롯 안테나인데, 도쿄공업대학의 발명품이다. 일반 가정의 위성방송 수신 안테나처럼 가정용으로도 쓰이는 이 기술은 1호기의 대형 파라볼라 안테나와 동일한 성능을 3분의 1가량의 무게로 커버하는 놀라운 힘을 갖고 있다. 하야부사2에 안테나 2개를 실어도 1호기 안테나보다 가벼운 이 기술은 Ka대역 수신 성공에 크게 기여했다.

하야부사2가 채택한 또 다른 통신 신기술이 델타도어Delta-Differential One-way Ranging, DDOR다. 하야부사2가 보낸 전파를 지구 위에 있는 안테나 여러 대(가령 일본, 미국, 호주의 안테나)가 동시에 수신하여, 각 전파의 위상차를 계산해 탐사선이 태양계 어디쯤 있는지 정확히 알아내는 기술이다. 도쿄의 스카이트리 꼭대기에서 후지산 정상에 사는 물벼룩을 식별하는 수준의 분석력을 보유한 초고도 기술이다. 이 기술은 수억 킬로미터 떨어진 곳을 비행하는 탐사선 위치를 10킬로미터 이내로 측정하는 능력을 갖고 있다. 1호기는 지구와 탐사선이 주고받는 전파를 이용해 지구~탐사선 거리와 상대속도를 재고, 태양계 내 자신의 비행 위치를 알아내는 기술(RARR 방식)을 구사했다. 이 기술은 오래전부터 사용됐지만 정확도는 델타도어보다 100배 떨어진다. 하야부사2는 RARR을 갖춘 데 이어 델타도어를 표준사양으로 탑재했는데 일본 탐사선으로는 최초다.

이 기술의 일인자는 우주연 소속 다케우치 히로시竹内尖다. 델타도어 기술은 이미 미국의 태양계 탐사에서 감초 역할을 톡톡히 하며 화성 착륙, 목성 스윙바이, 토성의 위성 스윙바이 등 어려운 탐사를 연이어 성공시켰다. 다케우치는 일본 안테나로 NASA와 ESA(유럽 우주기구)의 안테나들과 공동으로 델타도어 측정을 실시할 기술의 개발과 국제교섭을 도맡았다. 그는 또한 시험 삼아 일본 탐사선 이카로스에 델타도어용 송신기를 달아 델타도어 기술을 갈고닦았다. 이런 활동들이 결실을 맺어 하야부사2에 이르러 델타도어가 정식 측정수단으로 채택됐다. 즉 표준사양이 된 것이다.

Ka대역 통신과 델타도어 기술이 세계 선두 기술은 아니다. 하지만 태양계 탐사에서 세계와 어깨를 나란히 하기 위한 급소 공략의 일환으로 탑재한 것이 바로 Ka대역 통신과 델타도어 두 기술이다.

모든 이의 꿈을 싣다

하야부사2의 비행은 장절한 여정이 될 것이 분명했다. 그 여정을 우리만의 것으로 삼기엔 아쉬움이 컸다. 전 세계 사람들과 함께 나누고 싶었다. 그래서 세 가지 일을 꾸몄다.

우선 약 190개 나라에서 응모한 18만 명의 이름이 새겨진 마이크로필름을 하야부사2에 탑재할 타깃 마커 5개에 붙여 넣었다(이미지 8).

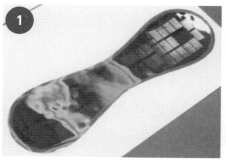

① 18만 명의 이름이 새겨진 마이크로 필름
② 타깃 마커 본체에 마이크로 필름을 부착 중
③ 완성된 타깃 마커 5개

이미지 8 **사람들의 이름이 새겨진 마이크로 필름을 타깃 마커에 달다.** ⓒJAXA(촬영 협조 NEC)

5개마다 똑같은 내용이 새겨졌기 때문에 모든 이에게 공평하게 다섯 번씩 류구에 도달할 기회를 제공한 셈이다.

또 대기권 돌입 캡슐은 6년 후 돌아오는 타임캡슐이라 가정하고 18만 명에게 받은 메시지를 데이터화해 캡슐 내부 메모리 장치에 저장했다.

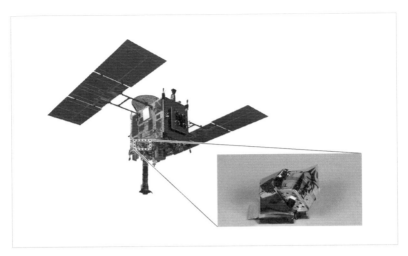

이미지 9   **표본채취관 모니터 카메라**(CAM-H). (사진 ⓒJAXA)

그리고 시민들에게 하야부사2 프로젝트 기부금도 받았다. 그 돈으로 표본채취관을 모니터하는 카메라CAM-H를 제작해 탑재하기로 했다(이미지 9). 우주과학 미션 전문가들은 영상을 그다지 중시하지 않는 경향이 있다. 영상으로는 현장에서 벌어지는 현상과 분위기를 종잡을 수 없다. 그래서 엄밀한 정량定量을 추구하는 과학 미션에서 카메라는 뒷전으로 밀리고, 탐사선 무게나 비용의 제약으로 제외되는 경우가 많았다.

하지만 표본채취관 끝부분을 찍는 카메라가 있으면, 분명 흥미로운 영상이 촬영될 터였다. 과학적 필요성을 따지면 가치가 없지만, 기부금을 낸 시민들의 꿈에 부응하기엔 최고의 물건이 될 성싶었다.

CAM-H는 발사 직후 표본채취관이 제대로 펴져 있는지 확인할 카메라라는 주장을 받아들여 탑재하기로 결정했지만, 우리의 진짜 의도는 당연히 터치다운 순간을 찍는 것이었다. 그런데 기부금으로 제작한 카메라가 하야부사2를 대표하는 성과를 안겨주리란 걸 누가 알았으랴.

국경을 뛰어넘은 팀 구성

탐사선을 야무지게 설계하는 일 못지않게 중요한 것이 국제적 협력을 이끌어 내는 일이었다. NASA는 전 세계에 걸쳐 심우주 추적망Deep Space Network, DSN(심우주네트워크)을 확보하고 있다. 그곳을 사용하려면 NASA의 협력이 꼭 필요했다. 미국은 과학 활동에 호의적이라서, 다른 나라 미션이라도 과학적 의의가 크면 적극적으로 지원한다.

협의 끝에 NASA는 DSN기지 사용, 탐사선 항행(궤도결정) 지원을 허락했고, NASA의 탐사선 오시리스-렉스가 채취할 예정인 소행성 베누의 표본 0.5퍼센트와 일본 과학자의 베누 탐사 미션 참여 기회를 주기로 약속했다. 그 대가로 일본은 하야부사2가 채취할 예정인 류구 표본 10퍼센트와 미국 과학자의 하야부사2 사이언스 팀 참여를 약속했다.

하야부사2에겐 마스코트를 매개로 독일과 프랑스의 협조가 필요했고, 하야부사2 캡슐의 귀환 예정지인 호주의 도움도 있어야 했다. 이들 나라의 연구자들이 하야부사2의 과학 활동에 참여하여 우리와 공동으로 작업할 조직으로 하야부사2 공동과학팀HJST이 결성됐다.

2012년부터 공동과학팀의 회의는 해마다 두 차례 열렸다. 각국 과학자와 기술자 100명가량이 모여 하야부사2 미션을 놓고 과학적으로 뜨겁고 면밀한 논의를 펼쳐나갔다.

　이런 식으로 2010년부터 3년에 걸쳐 하야부사2 미션 실현을 위해 꼭 필요한 외적인 체제는 갖춰졌으며 탐사선 개발은 본궤도에 올랐다.

하야부사

제3장

고군분투
개발에서
발사까지

이례적인 것이 넘쳐난 개발 과정

프로젝트가 정식 출범한 2011년 5월 이후 하야부사2 개발은 파죽지세로 진행됐다. 무슨 일이 있어도 2014년 12월에는 발사해야 했다. 그러기 위해 2012년 3월 안으로 상세설계가 끝나고 제조에 들어가야 했다.

프로젝트 출범부터 로켓 발사까지 주어진 시간은 3년 6개월. 통상 5년 걸리는 위성개발 기간보다 훨씬 짧다. 기간을 단축하기 위해 할 수 있는 온갖 노력이 동원됐다.

위성개발 프로세스의 가장 기본인 기본설계심사PDR는 생략했다. 미션의 목적을 정한 다음 예비설계 절차를 생략하고, 곧바로 상세설계로 들어갔다. 흔히 실물 기기(플라이트 모델)를 만들기 전에 제조되는 열 모델, 구조 모델, 엔지니어링 모델로 불리는 실물 크기 모델의 테스트도 건너뛰었다. 이런 생략은 위성개발의 통념에 비춰보면 비상식적이지만 하야부사 1호기의 선체 설계를 잘 활용했기 때문에 가능했다.

하야부사2 개발방식은 통합형 방식integrator system을 취했다. JAXA가 탐사선 설계·제조를 총괄하고, 탐사선 시스템과 탑재되는 장치를 만드는 제조업체가 JAXA 관할 아래 제조·조립을 맡는 방식이다. 이온엔진, 자세유도제어 시스템, 전원 시스템, 데이터처리 시스템 등 하야부사2의 서브시스템subsystem마다 JAXA 소속 서브시스템 담당자 1명이 제조업체의 개발작업을 지휘했다.

통합형 방식의 이점은 탐사선의 설계 및 시스템 밸런스를 꼼꼼히 조정해 즉시 반영할 수 있다는 점이다. 이례적으로 짧은 개발 공정 속에서 도전적인 공산품을 만들기 위해선 탐사선 내 각 기기의 기능을 따로따로 완성시키기보다 타협할 부분과 반드시 사수할 부분을 확실히 구분해 가면서 전체를 시야에 두고 균형 잡힌 제품을 만들어 가는 게 중요하다. 소통이 원활한 멤버들 사이에서 상대의 취약점을 지적하고 주저없이 결단을 내려주려면 이런 개발방식이 안성맞춤이다.

시스템 회의, 이온엔진 서브시스템 회의, 전기계열 서브시스템 회의…. 이 시기 각 기술 분야마다 매일같이 회의가 열렸다. 매번 설계 진척 상황과 향후 과제가 회의 테이블 위에 올라왔고, 개별 항목마다 결정이 내려졌다. 그 과정에서 시스템 설계는 계속 갱신됐다.

내가 엄격히 관리한 기술 항목은 탐사선의 무게다. 2012년 당시 설계상 하야부사2 무게의 목표치는 540킬로그램이었다. 주로 이온엔진의 성능이 하야부사2의 무게를 제한했다. 탐사선 중량이 540킬로그램을 웃돌면 지나치게 무거워져 류구까지 가지 못한다.

제조업체와 JAXA 스태프는 개발 과정에서 예정보다 10그램이라도 늘어날라 치면 팀에 보고했다. 나는 질량 초과에 대해서는 지나치리만치 까다롭게 굴었다. 탐사선이 조금이라도 무거워지면 류구에 도달하지 못하는데, 그런 일이 벌어질까 봐 정말 두려웠기 때문이다. 그래서 그램 단위로 이리저리 맞춰보다가 아슬아슬하다 싶으면 남몰래 궤도 설계를 다시 검토하며 무게를 늘릴 여지가 있는지 확인하는 작업을 되풀이했다. 배선 재료를 구리선에서 알루미늄선으로 바꾸거나, 조그만 알루미늄 부품을 마그네슘합금으로 바꾸는 등 좀스러울 만큼 세세하게 설계를 바꾸고 또 바꿨다.

한편으로 하야부사2의 질량 제약을 늘리기 위한 노력도 병행했다. 궤도설계, 로켓 성능, 이온엔진 성능에서 융통성을 발휘해 최종적으로 하야부사2 발사 때는 발사 가능한 탐사선 무게를 540킬로그램에서 609킬로그램까지 늘릴 수 있었다. 동료 기술자들은 "처음부터 그만큼의 여유분이 있다는 걸 알았다면 더 재미있게 작업했을 텐데"라며 나를 원망했다. 당연한 반응이다. 아마도 그때는 그때대로 다들 '아직 무게가 모자라잖아' 하며 머리를 쥐어뜯곤 했을 것이다.

어쨌거나 모든 것을 동시병행으로 진행해야 하는 하야부사2 프로젝트에서 탐사선 무게의 관리 및 유지는 아주 단조롭고 반복적인 작업이라 등골이 빠질 지경이었다.

프로젝트 체제의 변화

2012년 9월부터 요시카와 프로젝트 매니저 체제가 구니나카 히토시國中均 프로젝트 매니저, 이나바 노리야스稲場典康 프로젝트 매니저 대리 체제로 바뀌었다. 구니나카는 이온엔진을 전문으로 하는 우주연의 교수이고, 이나바는 JAXA 쓰쿠바筑波 우주센터 기술부문 출신의 위성시스템 기술자다.

그 전까지 하야부사2 프로젝트 체제는 소규모로 필요 최소한이었다. 규모가 작은 만큼 어떤 상황에 처하든 포인트를 콕콕 짚어내는 전문가들이 적재적소에 배치됐지만, JAXA 상층부는 그런 빡빡함을 걱정했다.

하야부사2의 발사 지연은 용납되지 않았다. 사회의 이목이 쏠려 있었기 때문이다. 게다가 난이도가 상당히 높은 사업이다. 하지만 하야부사 1호기가 있었기에 JAXA 모든 직원은 닥쳐올 어려움이 어떤 것일지 서로 공유할 수 있었다. 그래서 상세설계가 완료되고 슬슬 본격적인 제조 과정에 돌입하던 그때, 매니지먼트 강화를 위해 체제에 메스를 댄 것이다.

프로젝트 매니저 1명이 마지막까지 전 과정을 책임지는 게 우주연 과학위성 프로젝트의 통례라서 나로선 매니저 교체 결정이 의아하기도 했다. 하야부사2 계획을 제안하고 채택하기까지 일련의 과정에서 해야 할 일과 개발부터 발사 때까지 해야 할 일의 성격은 180도 다르다. 요시카와는 세계 각국을 제집처럼 드나들며 끈기 있게 각종 제안을 취합하는 데 일가견이 있었다. 구니나카와 이나바는 기술 매니지먼트 경험이 많았다. 이례적인 탐사선 개발을 성공시키기 위한 적재적소 기용이라는 점에선 시의적절한 변화라고도 볼 수 있다. 프로젝트 매니저를 그만둔 요시카와는 원활한 과학 활동을 돕는 미션 매니저로서 계속 힘써주기로 했다.

사이언스 팀 체제에도 큰 변화가 있었다. 하야부사2의 과학 사령탑인 프로젝트 사이언티스트로 나고야대학 와타나베 세이치로渡邊誠一郎가 새로 들어왔다. 내 주변의 기술 파트 멤버들은 깜짝 놀랐다. 와타나베는 하야부사2의 과학 활동을 매섭게 비판해 온 인물이었기 때문이다.

와타나베 주장의 요지는 '하야부사2는 위대한 과학을 목표로 하기 때문에 과학자의 체제를 더욱 두텁게 해야 한다'였다. 지당한 비판이지만 프로젝트를 추진하는 쪽은 마음이 편치 않았다. 와타나베와 프로젝트는 사사건건 삐걱대는 관계였다. 그런 상황에서 다른 사람도 아니고 와타나베가 발탁됐으니 사람들은 고개를 갸웃거렸다. 하지만 와타나베에 대한 우리의 우려는 와타나베 스스로 씻어냈다. 그는 보란 듯이 일본 전국의 대학과 연구기관에서 창의적인 연구자들과 접촉하며 두터운 과학체계를 구축했다.

2012년에 일어난 일련의 체제 변화 속에서도 안 바뀐 곳이 있다. 공학 팀의 체제다. 개발작업의 난이도가 높아 공학 팀의 고생도 이만저만 아니었다. 그럼에도 공학 팀은 잘 굴러갔다. 제조업체와의 관계도 날선 긴장감은 이어졌어도 양호했다. 주변 상황이야 어찌 되든 만들어야 할 것은 기일 안에 만들어 내겠다는 에너지가 철철 넘치는 팀이었다.

탐사선 제조는 NEC가 맡았다. NEC에게 하야부사2는 무척 큰 사업이었다. NEC에도 프로젝트 매니저를 사령탑으로 하는 체제가 꾸려졌다. NEC의 프로젝트 매니저는 하야부사와 아카쓰키* 개발 경험이 있는 오시마 다케시大島武였고, 현장에서 기술을 총괄하는 시스템 매니저는 에바라 마사토시榎原匡俊가 맡았다.

프로젝트 엔지니어 역할을 맡은 나의 NEC 쪽 업무 파트너가 에바라다. 짧은 모히칸족 헤어스타일을 한 그는 당시 30대 중반의 열정적인 사내였다.

이 시기, JAXA와 NEC는 매주 시스템 검토회의를 열었다. 프로젝트 엔지니어인 내가 주최한 이 회의는 길기로 악명이 높았다. 4시간은 예사고, 아침에 시작해 저녁 혹은 한밤중까지 이어진 일도 비일비재했다. 재료, 전기회로 구성, 기기 배치, 탐사선 형태, 소프트웨어 설계 등 하야부사2의 설계와 관련된 모든 기술적 결정은 시스템 검토회의에서 이뤄졌다. 미나미노 히로유키南野造之, 나카자와 아키라中澤暁, 그리고 나를 제

---

* 일본의 24호 과학위성.

외한 매니지먼트 멤버 및 서브시스템 멤버는 자신이 담당한 부분을 논의하는 시간에 맞춰 회의실을 들락날락하며 회의에 참여했다.

시스템 검토회의 풍경은 흡사 세기말의 그것이었다. 에바라를 필두로 NEC의 시스템 담당자들 중 3명이 모히칸족 헤어스타일을 했기 때문이다. 그래도 모히칸 군단은 하나같이 컴퓨터 게임에 비유하자면 무찌르기 힘든 최종 보스급이었다. NEC의 공세적인 자세가 느껴지는 진용이었다. 기술과 비용에 대해 한 치의 양보 없는 논의가 연일 이어졌다. 모히칸의 갈기가 힘을 잃고 축 늘어져서야 회의는 끝났다.

회의 장소가 사가미하라라서 JAXA 멤버들은 캐주얼 차림이었다. 반면 NEC 멤버는 언제나 몸에 착 달라붙는 슈트를 입고 왔다. 내 딴에는 신경을 쓴다고 "미팅이 길어지니까 편한 복장으로 오는 게 어때요?"라고 여러 번 말했지만 돌아오는 대답은 언제나 "이건 회사의 룰이라서요"였다. 그럴 때마다 '아니, 그런 머리 스타일을 하고서?'라는 생각이 들었지만, 한편으론 슈트 차림과 모히칸 머리로 방어와 도전, 혹은 냉정과 열정을 몸으로 구현하는 그들에게 탄복했다.

씨 뿌리기와 물 주기

개발에 전력 질주하는 한편, 나는 프로젝트의 폭을 넓히는 활동에 착수했다. 대표적인 것이 우주역학 연구회다. 프로젝트 멤버뿐만 아니라

JAXA의 신참급 직원, 우주연 안팎의 학생에게 하야부사2의 문호를 개방해 하야부사2를 학문으로 즐기는 본거지로 만들고 싶었다.

프로젝트라는 것은 무섭다. 재밌겠다 싶어 도전적인 목표를 세우더라도 그것이 계획이 되어버리는 순간 의무가 되어 고통을 준다. 어려운 프로젝트일수록 목표의 최저선에 이르는 지름길을 찾으려 하고, 최저선에 턱걸이하는 수준의 활동에 머물기 십상이다.

그런 식으로 작업하면 하야부사2의 매력은 확 떨어진다. 류구의 실체에 대해 아무것도 모르던 시기에는 동기부여가 안 된 채 허우적거리며 모로 가도 서울만 가면 된다는 식으로 임했는데, 정말로 하기 싫었다.

이에 대한 처방전은 장외 난투의 여지를 남겨 놓는 것이었다. '일단 해봐' 정신*이다. 나는 하야부사2의 한계를 뛰어넘는 연구를 장려했고, 운이 좋으면 탐사 활동에 포함될 수 있다고 공언했다.

'일단 해봐' 취지가 알려지자 많은 학생과 신참 직원이 우르르 달려들었다. 고참 멤버가 정해준 계획대로 움직여선 책임만 무거워져 재미없다. 그런데 하야부사2에는 놀아볼 여지가 있었다. 불이 붙을 만한 곳에 적극적으로 불씨를 댕겨 활활 타오르게 하는 것. 그것이 내가 의도한 바다.

대학원생 기쿠치 쇼타菊地翔太와 오키 유스케大木優介는 예정에 없던 하

---

* 일본에서 위스키 시장을 개척한 회사 '산토리'의 창업자 도리이 신지로가 생전에 자주 쓴 말로 오랫동안 회자되는 명언.

야부사2의 소행성 둘레의 궤도비행 기술을 연구했다. 내가 "소행성 궤도비행, 한번 해보자!"라고 제안했을 때 두 사람이 호응한 것이다. 소행성 궤도비행은 하야부사2 계획에서 누락된 부분이었다. 사실 소천체 둘레를 궤도비행 하려면 정밀한 궤도제어 기술이 필요하다. 대단히 어려운 기술이다. 기쿠치는 이 연구 성과를 앞세워 미국 대학으로 유학 갔고, 귀국 후 하야부사2 프로젝트에 참가해 여러 활동을 하게 된다. 오키는 나중에 이 기술로 궁지에 몰린 미네르바II-2를 구해낸다.

오노 고우大野剛는 학창 시절 나와 함께 연구한 솔라 세일 기술을 하야부사2에 응용하는 방안을 생각해 냈다. 태양광압을 적극적으로 활용하면 하야부사2의 자세를 안정시켜 기나긴 행성 간 비행 내내 리액션 휠Reaction Wheel*을 작동시키지 않아도 된다. 리액션 휠의 수명을 늘릴 수 있다. 이 기술은 솔라 세일 모드라고 불리는데, 하야부사2의 비행에 적용됐다. 실제로 소행성으로 가는 길에 리액션 휠 4개 중 2개가 약 200일 치의 운전절약 효과를 거뒀다. 하야부사 1호기에서 고장으로 속을 썩였던 리액션 휠에 대한 걱정을 크게 덜어줘 탐사선 운용 때 안심할 수 있었다.

데루이 후유토照井冬人, 미마스 유야三桝裕也, 오가와 나오코尾川順子, 오노 고우, 요시카와 겐토吉川健人 등 자세·궤도 제어 시스템AOCS 멤버는 하야부사2의 스펙을 상회하는 착륙 정밀도를 끌어내기 위해 개발업무 범

---

* 우주선의 방향을 바꿔주는 제어장치.

위를 넘어선 기술연구에 몰두했다. 제조업체가 딱딱한 운용 소프트웨어를 만드는 동안 이들은 상황 대처에 빠르고 진일보한 소프트웨어를 돌리기 위해 서로 아이디어를 주고받았다.

이탈리아 출신 연구원 스테파니아 솔디니는 소행성 둘레의 복잡한 역학 공간에서 물체가 어떻게 움직이는지 연구했고, 다케우치 히로시와 이케다 히토시池田人는 초고도로 정밀한 소행성 궤도의 해석 기술을 연마했다. 복잡한 류구의 중력장 계산은 극소수만 관심을 가지는 마니아 성격의 기술이다. 이것을 재미있어라 한 젊은이가 4~5명 나왔다는 건 놀라운 현상이다.

그들의 놀이는 류구 도착 후에 이뤄진 과학 활동을 더 튼실하게 만들었고, 상상을 초월할 만큼 거칠고 험준한 류구 지표면을 극복하는 데 큰 힘이 됐다.

우주역학 연구회 외에도 하야부사2 프로젝트 안에 전문분야별로 많은 연구회가 개설됐다. 이 연구회들은 살벌한 개발업무들 속에서 오아시스 같은 존재였다. 빠짝 말라붙은 두뇌 속을 탐구심이라는 물로 촉촉히 적셔 다시금 개발작업에 임하도록 해주었다. 팀의 밑동을 튼튼히 하고, 가지가 넓게 뻗어나가도록 씨를 뿌리고 물을 주었다. 어떤 열매가 열릴지 자못 흥미로웠다.

악전고투한 마지막 조립 공정

2012년 9월부터 제조업체들이 만든 하야부사2 부품이 사가미하라로 모이고, 각종 테스트가 시작됐다. 초기 전기 인터페이스 테스트와 기계 환경 테스트가 가장 먼저 이뤄졌다. 전기 인터페이스 테스트는 하야부사2의 신경계인 데이터 처리 장치DHU, 데이터 기록 장치DR, 미션 부문 계산기DE, 센서 등에 전기를 통하게 해 신호가 제대로 나오는지 체크하는 시험이다. 기계 환경 테스트는 상자형 구조인 하야부사2를 실제로 조립한 다음 진동시험 장치를 이용해 로켓 탑재 때와 똑같은 강도의 진동을 가해 구조설계에 착오가 있는지 확인하는 시험이다.

제작 기간 단축을 위해 모든 작업이 중첩 구조로 이뤄졌다. 그래서 설계 단계, 제조 단계, 조립 단계를 또렷이 구분하지 않았다. 그 대신 스케줄에 크게 영향 주는 주요 기계·기능부터 순차적으로 끼워 맞춰나갔다. 지엽적인 기계와 부품은 후순위로 돌려 시스템 시험 도중에 차례차례 합류시켰다. 퍼즐 맞추기와 닮았다.

2013년 1월부터 1차 교합성 시험이 시작됐다. 11월 이후엔 종합시험이 실시됐다. 1차 교합성 시험에서 가조립된 하야부사2는 종합시험에서 완성 상태로 짜맞춰졌다. 완성 후 동작시험과 실제 비행 상황을 시뮬레이션 하는 탐사 활동 테스트가 이뤄졌다.

최종 조립 공정이 이뤄진 2013년부터 2014년 전반까지 약 1년 반 동안은 출산의 고통과 맞먹는 시기였다. 1년 반 안에 마무리하기 위해 주야 2교대로 작업했고, 복잡한 공정이 끊이지 않았다. JAXA 사가미하라 캠퍼스의 위성조립용 클린룸clean room(청정실)에선 제조업체 직원과 기술자가 번갈아 들락날락하며 탐사선에 부품을 끼웠다.

이토록 짧은 기간에 이토록 복잡한 탐사선을 만들어 내는데 문제가 안 생길 턱이 없다. 하야부사2 팀은 각오하고 있었다. "문제 상황을 우주까지 가져가지 말라! 문제 상황을 두려워하지 말라! 지금 문제점을 발견하는 걸 다행으로 여기자!" 그런 말을 서로 주고받으며 그날그날 발생하는 문제에 대처했다.

이때 다방면에 걸쳐 눈부신 활약을 펼친 사람이 NEC의 에바라다. 1차 기기 상호 접속 시험이 시작된 시점에 에바라가 만든 조립 공정표는 흡사 예술작품이었다. 1년 반 분량의 수백 가지 공정이 1시간 단위로 구성됐다. 퍼즐을 맞춘 듯한 스케줄은 너무 치밀하고 복잡한 나머지 질서 정연하고 유려한 다중주 선율을 떠올리게 했다. '이보다 더 나을 순 없다'라는 말이 떠오르는 스케줄이었다.

일주일에 한 번은 문제가 발생하는 바람에 이 공정표가 졸지에 와르르 허물어지곤 했다. 그럴 때마다 에바라는 자기가 이끄는 NEC 팀과 함께 흐트러진 퍼즐을 끈기 있게 다시 맞췄다. JAXA 멤버들 눈에 '이젠 글렀다' 싶은 스케줄 와해가 열 차례나 일어났지만 그때마다 에바라는 감쪽같이 해결했다.

에바라는 NEC 팀의 기술 향상을 위해 열정을 쏟아붓는 사내였다. 형식적으로 일하는 것을 싫어했을뿐더러 기술에 관한 문제엔 결코 타협하는 법이 없었다. 자신이 속한 회사를 상대로도 맺고 끊는 게 분명한 데다 JAXA를 상대로도 해야 할 말이 있으면 에두르지 않고 말했다. JAXA의 매니지먼트가 조금이라도 형식적이거나 쌀쌀맞게 굴면 나에게 개인용 이메일을 보내거나 직접 전화를 걸었다.

"하야부사2에 그게 진짜 필요합니까?" "형식을 지키고 싶은 겁니까, 하야부사2를 성공시키고 싶은 겁니까. JAXA는 어느 쪽입니까. 네?"

'두 마리 토끼를 다 잡겠다는 속셈 같은데, 그럼 책임은 쓰다 당신이 지시오'라는 말을 하고 싶었던 듯하다. 2014년 내로 발사하려면 이런저릿한 긴장감이 팀 내에 꼭 필요했지만 나는 너무 쩌릿해 감전사하는 줄 알았다.

JAXA도 힘든 건 마찬가지였다. 종합시험이 절반쯤 진행된 2014년 4월에 구니나카와 이나바에게 딱 한 번 발사 연기 의견을 낸 적이 있다. 하야부사2의 문제점이 속출하던 때다. 자세 시스템, 통신시스템, 이온 엔진 시스템 등 주요한 서브시스템이 문제를 안고 있었다. 어떻게든 해결될 기미는 보였지만 현장은 스케줄을 따라야 했기에 죽기 아니면 살기로 임했다. 그런데 죽기 아니면 살기가 계속되면 제품의 질은 떨어진다. 이윽고 한계점에 도달했고, 나는 프로젝트 매니저와 프로젝트 매니저 대리에게 그 사실을 전달했다.

"여전히 해낼 가능성은 있지만, 발사 기회는 2015년에도 있습니다. 그때를 목표로 탐사선 품질을 높일 시간적 여유를 확보하는 편이 낫지 않겠습니까?"

구니나카와 이나바의 판단은 "조금 더 기다려 보자"였다. 이나바는 나를 설득했다. "발사 전부터 하야부사2 미션은 시작된 거야. 하야부사2는 백업 기능을 갖고 있잖아. 그것을 포함해 기능을 풀가동해야 해. 우리 목표는 최고 품질의 탐사선을 만드는 게 아니라 미션을 달성하는 거라고. 하야부사2가 미션을 달성할 물건이 되는가, 그것만 보고 가자고. 아직 할 수 있어."

몇 차례의 위성 개발을 통해 산전수전 다 겪은 경험에서 나온 말이었다. 그는 말에 그치지 않았다. 곧바로 원활한 개발시험을 위해 공정과 역할 분담에 약간의 수정이 뒤따랐다. 아등바등하면서도 하야부사2 개발은 계속 앞으로 나아갔다.

2014년의 터치다운

탐사선 개발은 제조업체와 JAXA의 총력전이었다. 제조업체와 JAXA는 발사 시한을 넘기지 않으려고 서로 상대방 작업을 커버해 주곤 했다. 특히 기능이 복잡한 자세·궤도 제어 시스템 쪽은 상부상조 관계가 끈끈했다. JAXA 멤버가 NEC에서 할 개발시험 항목 중 일부를 대신 해주기도 했다.

단순히 스케줄을 맞추려고 그런 것은 아니다. 그 이상의 의도가 있었다. 하야부사2가 우주로 나가는 순간 JAXA와 NEC는 미션 성공을 향해 달리는 원팀이 돼야 한다. 그러기 위해선 JAXA와 NEC는 대등한 관계여야 한다. JAXA 멤버가 제조업체와 동일한 수준으로 탐사선의 모든 기능을 파악하려면 제조업체의 업무에 동참하는 게 최우선이다. JAXA 멤버는 그만큼 더 고충이 커지겠지만 상부상조, 십시일반의 효과도 있어서 결국 일거양득이다. 통상적인 JAXA의 업무 방식이 아니어서 JAXA 상층부는 떨떠름한 표정을 지었다. 하지만 나는 "스케줄에 맞추려면 이 방법밖에 없다"라며 반대 의견을 물리쳤다.

그렇게 적잖은 역경을 딛고, 팀워크를 기르는 동안 개발은 종반으로 접어들었다. 2014년 6월 24일 거의 완성된 상태의 하야부사2가 사가미하라 캠퍼스 위성조립 건물 내 클린룸clean room에서 위용을 드러냈다(이미지 10). 프로젝트 멤버들은 클린룸과 통유리 하나를 사이에 둔 시험용 관제실에 집결했다. 종합시험을 집대성하는 터치다운 운용시험이 이날 실시됐다. 터치다운을 가상하고 하야부사2 내부 전자기기를 실전처럼 작동시켜 제대로 터치다운 할 수 있는지 확인하는 시험이다.

신중에 신중을 기하느라 시험은 느릿느릿 진행됐다. 탐사선이 소행성을 향해 하강하기 시작한 때가 저녁 9시. 모처럼 한자리에 모인 멤버들 가운데 상당수는 집으로 돌려보냈다. 남은 사람은 JAXA와 NEC 멤버 10명쯤 될까. 탐사선은 밤 11시를 넘긴 한밤에야 고도 500미터에 도달했다. 착륙을 앞두고 최종 Go/No Go 판단을 내려달라는 요청이 나에게 왔다. 나는 "본게임에선 프로젝트 매니저의 역할이지만, 오늘은 여기 안 계시니 제가 하겠습니다"라며 운을 뗀 뒤 구니나카의 말투를

이미지 10 **완성된 하야부사2.** ©JAXA

흉내내며 "자, Go"라고 말했다. 그 지시를 받고 키득키득 웃으며 커맨더commander(탐사선에 실제로 명령 송신을 조작하는 담당자)에게 지시를 내린 이가 NEC의 신참 시스템 담당자 마스다 데쓰야益田哲也다. 마스다의 지시를 받고 피식피식 웃으며 Go 명령을 탐사선에 송신한 이가 NEC 넷에스아이Networks & System Integration Corporation 소속 커맨더 후카노 가요深野佳代다. 이들 3명은 실전 터치다운에서 각각 프로젝트 매니저, NEC 시스템 매니저, 커맨더가 되어 탐사선에 Go 명령을 보내게 되는데, 이때만 해도 실제로 그리 될 줄은 상상도 못 했다.

관제실이 송신한 Go 명령은 10미터 앞에 놓인 탐사선에 즉각 접수됐다. 탐사선은 가만히 앉은 채 시뮬레이션으로 지표면을 향해 최종 하강했다. 그리고 이튿날인 6월 25일 0시 34분, 무사히 류구 터치다운에 성공했다. 여기저기 박수가 터져 나왔다. 우리는 큰 소리로 마음껏 "터치다운 축하축하!"라고 외치며 기쁨을 나누었다.

실전 터치다운은 그보다 몇 배나 더 큰 어려움을 안겨주었지만, 그때는 그걸 알 턱이 없었다. 어쨌든 1년 반 만에 완주한 셈이다. 2014년 9월 16일, 종합시험은 그렇게 종료됐다.

컨테이너 속에 격납된 하야부사2는 클린룸을 빠져나와 대형 트럭에 실려 다네가시마種子島를 향해 출발했다. 이송 일정은 극비였다는데 어찌 된 영문인지 우주연 건너편에 "하야부사2 잘 다녀오세요!!"라고 쓰인 현수막을 걸어놓고 하야부사2를 배웅하는 무리가 있었다. "컨테이너에 실린 건 하야부사2예요"라고 말해줄 순 없었지만, 우리는 도로 건너편을 바라보며 허리를 푹 숙였다.

다네가시마로 가다

발사장에서 이뤄지는 마지막 공정인 비행동작훈련flight operation이 2014년 9월 21일 시작됐다. 사가미하라를 떠난 하야부사2 부속품이 하나둘씩 다네가시마 우주센터에 도착했다. 프로젝트 멤버들도 하나둘씩 다네가시마로 들어와 작업을 개시했다.

그런데 사가미하라의 개발시험이 아직 끝나지 않은 상태였다. 문제점 속출로 일정을 제때 맞추지 못한 이온엔진 전원의 내구성 시험이 계속되고 있었던 것이다. 개발시험도 최종 조립도 마감 날짜는 발사 전 최종확인 회의 개최일인 11월 11일. 계획상으로는 모든 시험이 합격 판정을 받고, 시험과 똑같은 제작방식을 적용한 탐사선 제조가 완료돼야 했다.

다네가시마에서 이뤄진 최종 조립은 칠전팔기의 종합시험에 비하면 순풍에 돛 단 배였다. 너무나 순조로워 고생한 보람이 느껴졌다. 9월 말엔 탐사선 본체에 캡슐과 임팩터가 부착되고, 화학연료인 하이드라진hydrazine이 충전됐다. 10월 초에는 이온엔진 연료인 크세논이 충전됐다. 로봇 4개, 마스코트, 미네르바II도 탐사선에 장착됐다.

10월 중순에는 발사 직후와 터치다운 때 가장 중요한 역할을 하는 자세제어 시스템 작동 상태를 최종적으로 체크했다. 10월 하순 여러 날 동안 하야부사2 모든 기능의 건전성을 확인하는 최종적인 종합동작시험이 이뤄졌다. 10월 말에는 사가미하라 관제실과 다네가시마에 있는 하야부사2를 네트워크로 연결해서, 발사 당일을 가상한 리허설을 진행했다. 나를 포함한 관제실 멤버들은 사가미하라에 머물며 리허설에 참여했다. 발사 준비는 착착 진행됐다.

순조로웠던 비행동작훈련은 노력 없이 거저 얻은 게 아니다. 발사까지 시간이 촉박했기 때문에 사소한 문제라도 발사 연기 같은 중대 사태를 불러올 수 있었다. 사소한 문제가 미미한 영향에 그치도록 눈에 보이지 않는 노력이 무수히 발휘됐다.

사실 9월 말 비행동작훈련이 시작되고 하야부사2의 조립이 개시됐을 때 깜빡하고 표본채취관을 사가미하라에 놔두고 온 것을 알게 됐다. 뒤늦게 허겁지겁 옮겨 왔다. 표본채취 장치 없이 표본회수 미션에 나서려 했다니….

10월 초 이온엔진 담당자들로부터 크세논을 충전하다 정량보다 6킬로그램 더 주입해 버렸다는 보고를 받았다. 이 무렵 탐사선 무게 문제는 거의 해결됐는데, 무게 허용치를 610킬로그램까지 높여 놓은 상태에서 탐사선 무게는 600킬로그램 정도로 갈무리됐다. 내가 프로젝트 엔지니어로서 무게를 엄격히 관리해 온 덕택이었다. 갖은 노력 끝에 확보한 여유분을 사용해 우주로 닻을 올린 다음에 할 수 있는 일을 늘리려고 '크세논을 가득 채우자'라고 호기롭게 선언하려는 순간, 그 지경이 되었다. 극적인 장면이 싹둑 통편집 당한 셈이다. 게다가 나는 기술자 대표 자격으로 뜻밖의 사태가 벌어진 것에 대해 이분 저분 찾아다니며 사과까지 해야 했다.

마스코트 담당 팀은 모선과 마스코트 간 통신의 성능이 잘 안 나와 애를 먹었다. 통신시스템은 JAXA가 제공한 것이라 우리 쪽 문제이기도 했다. 기기의 성능이 안 나오면 나올 때까지 바로잡은 후 발사대에 올리는 게 우주 미션의 철칙이다. 그렇다고 발사를 연기하고 싶지는 않았다. 며칠 동안 낮엔 작업 현장에서, 밤엔 일본과 독일을 잇는 화상회의에서 해법을 찾기 위해 머리를 맞댔다.

사면초가 상황에서 일본과 독일 두 나라의 기술자들이 신뢰와 존경을 바탕으로 지치는 줄도 모르고 토론을 벌였던 그때가 잊히지 않는다. 마스코트 팀의 프로젝트 매니저인 트라미 호Tra-Mi Ho는 독일 항공우주센터DLR 소속으로 외유내강형에 매우 침착한 여성이었다. 그는 앞장서서 DLR과 하야부사2 팀원 간 이견을 조정했다. DLR과 JAXA 어느 쪽에도 편중되지 않고 모두가 납득할 만한 해결책 모색에 힘썼다.

"쓰다, 마스코트가 온전하지 않으면 우리는 발사에 동의 못 해요. 하지만 DLR도, 프랑스 국립우주연구센터CNES도 발사 연기는 바라지 않아요. 함께 해결책을 찾아봅시다."

마스코트 팀은 통신시스템 사용법을 파고들어 타개책을 제시했고, 하야부사2 팀은 류구 도착 후 전개될 운용을 면밀히 살펴본 끝에 문제를 피해 갈 대책을 제시했다. 둘을 조합하면 모선·마스코트 간 통신 성능에 대한 문제를 충분히 해결할 수 있을 듯했다. 이 대책들을 받아들인 트라미는 발사 동의서에 사인했다.

11월 11일, 발사 전 최종확인 회의가 다네가시마에서 열렸다. 최종확인 회의란 JAXA 간부, 중견 기술자 들이 완성된 하야부사2를 확인하면서 제조공정에 문제가 없었는지, 발사를 앞두고 로켓에 탑재해도 되는지 등을 심사하는 회의다.

어느 날 아침, 숙소 앞에서 어떤 간부와 마주쳤다. 자신의 일처럼 개발 과정을 쭉 지켜보며, 때때로 따끔한 충고를 해주신 분이다. 내 표정에서 불안한 기색을 읽어냈는지 "쓰다, 여기까지 온 것도 장하네. 자신감을 가지고 우주로 보내주게"라며 늘 그렇듯 다정하게 말했다.

그때는 사가미하라에서 이뤄진 이온엔진 시험도 무사히 끝난 상태였다. 탐사선도 더 보탤 것 없는 완성체로 내 눈앞에 오도카니 서 있었다. 할 수 있는 건 다 했다. 개발 경과 보고와 심사위원들의 외관 검사가 담담하게 이어졌고, 이내 합격 판정이 떨어졌다.

프로젝트 멤버들에겐 하야부사2를 만져볼 수 있는 마지막 기회. 그들은 탐사선을 빙 둘러싼 채 저마다 기념사진을 찍었다.

이튿날 하야부사2는 로켓에게 인도됐다. 결합작업이 시작된 것이다. 이때부터 로켓 측이 작업의 주체다. 대형 로켓정비조립 건물에서 조립을 마친 H2A 로켓 머리 부분에 하야부사2가 탑재된 후 페어링(위성 격납 공간을 덮는 커버)이 덮였다. 이 작업은 2주일이 걸렸다. 마침내 준비 완료 상태가 됐다.

하야부사2가 류구에 제대로 도달할 수 있는 발사일은 11월 25일~12월 9일 사이 보름 중 한 날로 정하기로 했다. 하지만 어느 날이 되든 발사 가능한 순간은 초 단위의 한 번의 기회뿐이다.

바로 앞 순번 로켓의 발사가 늦어진 일과 악천후가 겹쳐 하야부사2 발사일은 12월 3일로 최종 결정됐다. 발사 시각은 13시 22분 4초. 결과적으로 그날은 발사 가능한 기간인 보름의 딱 중간에 해당하는 날이었다. 발사 후 이온엔진의 궤도제어가 가장 안정감을 찾는 날이기도 했다. 그때 안타 한 방 제대로 날리면 게임은 술술 풀릴 것이다. '이 단 한 번의 기회를 살릴 수 있게 해주옵소서' 다 같이 기도하는 마음으로 디데이를 맞았다.

하야부사2, 우주로

그날 다네가시마 우주센터는 쾌청했다. 전날 밤 정비조립 건물에서 발사대로 이동한 H2A 로켓 26호의 수려한 몸뚱아리는 푸른 하늘을 향해 쭉 뻗어 있었다. 날씨 판정은 '발사에 지장 없음'. 발사장 풍경은 로켓이 우뚝 서 있는 것 빼곤 평소와 같았지만, 발사대 위 격납시설들 내부에는 많은 기술자와 오퍼레이터가 1초 단위의 정확도로 발사 준비작업을 하고 있었다. 구니나카 프로젝트 매니저를 제외한 하야부사2 팀원은 여전히 다네가시마에 머물러 있었다.

사가미하라 우주관제센터에도 발사 전날 밤부터 관제사들이 대기하고 있었다. 하야부사2 개발을 떠받쳐 온 JAXA와 제조업체 멤버 총 50명가량이 넓지도 않은 관제실에 시루 속 콩나물처럼 모여 앉아 작업을 시작했다. 그래도 질서 정연했다.

오전 2시(이하 일본 시간), 로켓 몸속으로 들어간 하야부사2에 전원이 들어왔다. 앞으로 6년 후 지구 귀환 때까지 꺼지지 않을 하야부사2의 생명의 불빛이 켜진 순간이다. 탐사선이 발신하는 텔레메트리Telemetry(탐사선의 상태에 대한 데이터와 관측 데이터)가 전용회선을 타고 사가미하라 관제실 모니터에 뜨기 시작했다. "데이터 정상"이라는 상태 확인 목소리가 하나둘 잇따르고, 그때마다 탐사선으로 명령이 전송됐다. 하야부사2 발사 시간에 맞춘 세팅은 완료됐다.

오전 9시, NASA 심우주네트워크DSN로부터 추적 준비 개시라는 연락이 왔다. DSN은 발사 직후에 중대한 역할을 맡아주기로 했다. 미국, 호주, 스페인에 설치된 안테나를 이용해 하야부사2가 보내는 전파를 잡는 일이다. 영어와 일본어 교신이 사가미하라 관제실을 분주히 오갔다.

낮 12시, 관제실은 하야부사2의 모든 서브시스템 준비를 마쳤다. 나가노현 우스다臼田, 가고시마현 우치노우라内之浦*, DSN의 추적국 모두 "이상 없음"이라고 말했다.

발사 9분 전, 로켓을 통해 네트워크와 연결된 하야부사2의 유선 통신선이 차단됐다. 관제사들은 업데이트가 멈춘 모니터에서 눈을 뗐다. 앞으로 모니터에 뜨게 될 하야부사2의 데이터는 우주에서 보내오는 것이다. 거기까지 완료한 우리는 다네가시마에 있는 구니나카에게 발사 준비 완료 사실을 알렸다.

모든 작업을 완료한 사가미하라 관제실은 말소리가 끊겼다. 앞으로 벌어질 일을 기다리며 잠시 조용해졌다. 그 순간 다네가시마에 있는 구니나카의 목소리가 잡음과 함께 들려왔다.

여기는 하야부사2 프로젝트 매니저 구니나카
지금까지 지상에서 이뤄진 개발, 대단히 감사합니다.
이제부터 도전할 심우주 대항해도 혼신을 다해주기 바랍니다.

---

* JAXA의 우주공간 관측소가 있다.

자, 그럼 갑시다.

크세논 충전, 120퍼센트!

표적, 소행성 1999 JU3, 조준 완료.

이제 소행성 탐사선 하야부사2를 발진한다.

임무를 마치고 다시 지구로 돌아오라.

L 마이너스 7분 12초

탐사선 준비 완료를 선언합니다.

썩 괜찮은 멘트였다. 만화영화 〈우주전함 야마토〉 느낌을 준 후반부는 구니나카다웠다. 사가미하라 관제실은 "와~" 하며 박수가 터져 나왔다. "샌님 구니나카치곤 대성공이다. 저 멘트는 분명 미리 준비한 걸 거야." 나와 에바라는 서로 눈짓을 주고받으며 웃었다. 그 말을 들은 사이키와 나카자와는 히죽히죽거리며 "크세논 충전 120퍼센트라잖아요. 쓰다 씨, 괜찮을까요?"라고 했다. 나는 크세논 초과 주입 사건이 퍼뜩 떠올라 순간 머리카락이 쭈뼛 섰다. 프로젝트 매니저가 되기 전에 이온엔진의 수장이었던 구니나카가 그런 순간에 초과 주입을 미담으로 만들어 버리다니. 정말이지 이 팀은 조금이라도 방심하면 허점을 파고든다.

구니나카가 발사 승인 버튼을 눌렀다. 하야부사2의 운명은 전적으로 로켓에 맡겨졌다.

13시 22분 4초, 로켓 밑동이 확 밝아지며 동체가 서서히 떠올랐다.

"가자!" "거침없이 우주로!" 기도 말고는 할 게 없는 그 순간, 기대, 긴장, 불안으로 관제실은 다시 조용해졌다. 그런 우리들의 심정을 알기나 하는지 로켓은 슉슉 순조롭게 상승했다. 비행도 순조로웠다. 로켓은 지구 둘레를 한 바퀴 빙 돌고 나서 제2단 엔진을 재점화해 지구 중력권을 벗어날 터다.

발사 2시간이 경과한 15시 33분, 로켓반으로부터 기다리고 기다리던 소식이 당도했다. 로켓의 궤도 정보였다. 그 숫자를 확인한 나는 마음속으로 "됐어!"라고 외쳤다. 로켓은 정확하게 하야부사2를 심우주 궤도에 올려놓았다. 다음은 탐사선이 제대로 움직여 주기만 기다리면 된다.

그 전에 잠깐 동안 하야부사2는 사전에 짜인 자동 시퀀스sequence에 따라 움직이도록 되어 있다. 로켓에서 분리된 하야부사2는 우주 공간에 살짝, 아니 아무렇게나 내던져진다. 그 상태에서 탐사선은 화학추진계 추력기thruster(자세제어 분사기)를 작동해 정지 자세를 취하고, 곧바로 태양전지 패들paddle을 펼쳐 더듬더듬 태양을 찾는다. 태양을 찾아내면 태양 쪽으로 향한 채 탐사선 전체를 팽이처럼 회전시켜 안정된 자세를 취한다. 여기까지 마치면 하야부사2는 비로소 통신기를 ON 상태로 두고 지상과의 접속을 기다린다.

15시 37분, DSN 골드스톤 지상국(미국)으로부터 하야부사2의 전파를 수신했다는 보고가 왔다.

"양호, 양호! 통신기 ON 상태까지는 정상적으로 작동해 준 듯하다."

15시 40분, DSN 캔버라 지상국(호주)도 전파를 수신하기 시작했다. 탐사선의 텔레메트리가 일제히 사가미하라 관제실 모니터에 떴다.

"양호, 양호, 양호! 탐사선 상태 정상. 아주 좋다."

하야부사2는 캔버라에서 보낸 명령에도 제대로 응답했다. 이로써 우주에 있는 하야부사2와 사가미하라 관제실 사이에 핫라인이 구축됐다.

발사 7시간 후에는 우치노우라 지상국, 우스다 지상국이 첫 운용을 시작하고, 하야부사2는 회전 상태에서 항행 시 표준 자세인 정지 자세로 이행했다. 발사 때 생기는 진동에 영향받지 않게끔 단단히 고정시켜 둔 표본채취관과 이온엔진 짐벌gimbal(뒤에서 서술)의 잠금장치가 풀렸다. 겉으로 보기에 이 순간 하야부사2는 착륙 준비 및 이온엔진 가동 준비를 이미 갖춘 상태다.

향후 3개월 동안, 우주로 출항한 하야부사2의 우주에서의 컨디션을 확인하는 초기운용 단계에 돌입한다. '잠 못 자는 날의 연속이겠구나.' 관제실은 기분 좋은 피로감, 성취감 그리고 흥분에 휩싸였다.

제4장

Hayabusa2,
an asteroid sample-return mission
operated by JAXA

류구를 향한 비행과 운용 훈련

순조로운 출항 그리고 프로젝트 매니저로의 임명

발사 후 초기운용 단계에 해당하는 3개월 동안 하야부사2의 전체 기능을 일일이 점검했다. 이 점검에서 합격해야 비로소 제구실을 하는 탐사선이라 할 만한 상태가 된다. 전원 시스템, 데이터 처리 시스템, 관측기기, 통신시스템, 자세제어 시스템, 이온엔진 시스템 등이 차례차례 점검 과정을 거쳤다.

이 책에서는 앞으로 운용(오퍼레이션operation으로도 쓴다)이라는 용어를 자주 쓰니 미리 설명해 두겠다. 운용이란 관제실에서 탐사선으로 명령을 보내고, 탐사선이 보내는 텔레메트리를 수신하는 작업을 일컫는다. 항공기로 치면 관제사와 조종사가 하는 일을 합친 작업이다. 하야부사2의 경우, 당연히 조종사는 선체에 탑승하지 않고 관제실에 앉아 있다. 운용의 중심축은 2명인데, 슈퍼바이저supervisor라 불리는 운용의 리더와 탐사선으로 명령command* 송신을 조작하는 커맨더다. 이두 사람은 당번제로 일하며, 어떤 운용에서도 빠지지 않는다. 추가로그날그날 운용 메뉴에 따라 해당 전문 기술자가 참여한다. 초기운용 단계에선 발사 직후의 탐사선 컨디션을 종합적으로 평가하기 위해 나와에바라처럼 탐사선 전체를 파악할 수 있는 시스템 담당이 하루도 빠짐없이 입회했다.

제조업체와 JAXA 각 부서의 다양한 기술자들은 하루도 거르지 않고줄기차게 관제실로 찾아왔다. 그래서 이 시기는 마치 개발작업 과정에서 함께 고생하며 고난을 극복한 동지들이 모이는 동창회 같았다. 자신이 온 정성을 다해 길러낸 기계가 우주에서 제대로 작동하는 걸 확인한후 뿌듯함을 안고 돌아가는 사람들. 그 모습을 보고 있자면 나도 기분이좋아졌다.

발사 2주일이 지난 12월 18일부터 일찌감치 이온엔진 시운전을 시작했다. 하야부사 1호기 때는 이온엔진 시동이 순탄치 않아 애를 먹었지만 이번에는 이온엔진 A, B, C, D 4대 모두 시원하게 움직여 주었다.

해가 바뀌어 2015년 1월 15일, 이온엔진 4대를 탑재한 짐벌이라는가동식可動式 테이블의 자동제어에 성공했다. 이에 따라 이온엔진의 추

---

* 엄밀하게는 명령어인데 명령으로 써도 무방해서 명령으로 쓴다.

력축推力軸이 탐사선의 질량중심重心*이 됐다. 이튿날엔 이온엔진 3대를 동시에 분사했다. 추력은 최고 파워인 28밀리뉴턴(약 3그램중)에 근접했다. 이로써 동력비행의 채비는 다 갖춰졌다. 류구로 향하기만 하면 된다. 이온엔진 주요 담당자 니시야마 가즈타카西山和孝는 가장 중요한 기기가 순조롭게 스타트를 끊었음에도 1호기의 경험을 살렸을 뿐이라며 아주 당연하다는 듯 담담하게 받아들였다.

3월 2일, 초기운용 단계가 완료되고, 하야부사2는 정상운용으로 옮아갔다. 개발 관계자를 총동원했던 체제도 이날부터 규모를 줄였다. 6년간 이어질 운용작업을 일상업무로 돌려놓기 위해 팀이 재편됐다.

* * *

그러던 어느 날 JAXA의 경영이사가 갑자기 나를 호출했다. 하야부사2 개발 때 그와 대화를 나눈 적은 있지만, 그가 나를 일부러 부른 적은 없었다.

"4월 1일 자로 쓰다 씨를 프로젝트 매니저로 발령내기로 했습니다. 잘하시리라 믿습니다. 받아주시겠습니까?"

15초 동안 할 말을 잃었던 것 같다. 왜 이 타이밍인가요? 그냥 구니나카를 프로젝트 매니저로 두면 안 되나요? 이런 질문들이 머릿속에서 맴돈 듯한데, 잘 기억이 나지 않는다. 뜻밖의 요청(실제로는 통보이지만)에 내가 할 수 있는 건 조금만 시간을 달라거나, 적어도 하야부사2를

---

* 무게중심과 유사한 개념. 중력의 영향을 받을 땐 무게중심, 중력이 없는 곳에선 질량중심이 정확한 표현이다.

컨트롤하고 있는 구니나카, 이나바, 요시카와와 상의할 시간을 달라고 말하고 그 자리를 뜨는 것뿐이었다.

JAXA는 우주개발을 최우선으로 하는 조직이다. 하나의 개발이 끝나면 다음 개발을 위해 체제가 바뀐다. 구니나카, 이나바 역시 다음 개발 작업에서 더 큰 위치에 서서 능력을 발휘할 터였다. 그래서 아마도 하야부사2 프로젝트에 남을 사람들 중에서 프로젝트 매니저 후보가 선정되었을 것이다.

나는 구니나카와 이 문제를 상의했다.

"탐사선은 자네가 가장 잘 알고 있잖아. 힘든 일은 탐사선이 소행성에 도착한 다음부터잖아. 그러니 발사 이후엔 탐사선을 가장 잘 아는 사람이 PM(프로젝트 매니저)을 하는 게 낫지."

"저는 프로젝트 엔지니어로서 하야부사2와 마지막까지 함께할 거라고 생각했습니다. 도전은 제가 하고, 책임은 구니나카 선생이 짊어져 주시는 게 좋지 않은가 하고…."

"순진하기는."

전세는 불리하게 돌아갔고, 결국 나는 두 손을 들었다. 이나바와 요시카와도 내 등을 떠밀었다.

요청을 받아들였다곤 해도 자신감이 솟아난 건 아니었다. 당시 나는 서른아홉 살이었다. JAXA 통틀어 그 나이에 프로젝트 매니저가 된 사람은 없었다고 한다. '내가 희생양이 된 건가?'라는 의구심이 들기도 했다.

팀원이라면 누구나 그럴 테지만, 나 또한 하야부사2 개발에 몸담으면서 늘 생각해 온 것이 있다. '나라면 하야부사2를 어떤 미션으로 만들까'다. 그런 생각을 공유하면서 서로 부대껴 온 동료들. 이 팀은 그런 사람들로 이뤄져 있다. 나는 혼자가 아니다. 뜻을 함께하는 많은 팀원들이 있지 않은가. 생각이 거기까지 이르자 이내 짓눌린 어깨가 가벼워지고, 두뇌가 제대로 돌아가기 시작했다.

우선 탐사선을 확실하게 류구에 도착시키자. 류구에 도착하면 성이 찰 때까지 마음껏 뛰어다니는 팀을 만들자. 그러기 위해 해야 할 것이 무엇인가부터 생각해 보자. 차츰 내 마음은 긍정적인 각오들로 채워졌다.

류구를 탓하지 마라
새로운 팀 구성

2015년 4월 1일, 하야부사2 프로젝트는 나 쓰다 유이치를 프로젝트 매니저로 하는 새 체제가 닻을 올렸다. 미션의 공학 영역을 총괄하는 프로젝트 엔지니어는 사이키 다카오가 맡고, 과학자들을 관할하는 프로젝트 사이언티스트는 와타나베 세이치로가 계속 맡기로 했다. 우리 3명은 프로젝트-공학-물리학 삼각편대를 이뤄 하야부사2 미션을 끌고 갔다. 유도제어 기술을 총괄하는 데루이 후유토, 프로젝트 매니지먼트와 사이언스 활동의 가교 역할을 하는 미션 매니저는 요시카와 마코토. 프로젝트의 기술 매니지먼트 전반을 보좌해 온 나카자와는 계속해서 같은 역할을 담당했다. 나카자와는 그로부터 2년 지나 프로젝트 매니저 대리에 취임하게 된다.

새로운 체제에서 하야부사2의 팀을 어떻게 구성할지 논의가 거듭됐다. 우리는 꺾이지 않는 팀 혹은 대담하게 도전하는 팀을 만들고 싶었다. 대형 조직, 덩치가 큰 팀일수록 꺾이지 않는 팀이 되긴 쉬워도 대담하게 도전하는 팀이 되긴 어렵다. JAXA 안에도 꺾이지 않는 팀을 만들기 위한 사내 규정은 지천으로 널렸지만 대담하게 도전하는 팀에 대해선 시도조차 없었다.

대실패를 피하려면 수비벽을 견고히 쌓아야 한다. 맞는 말이다. 하지만 하야부사2 과업은 수비만 해선 끽해야 절반의 성공이다. 왜냐하면 인류를 대표해서 미지의 천체를 탐사하기 때문이다. 도전의 과정도, 고난도, 성공도, 그리고 실패까지 숨김 없이 드러내야 비로소 의의가 있다. 그러자면 도박은 하지 않아도 도전은 끊임없이 하는 팀 문화를 구축할 필요가 있었다.

하야부사 1호기를 되짚어 보자. 하야부사 1호기 팀은 전형적인 소수정예였다. 한 사람 한 사람이 슈퍼맨이었다. 탐사선이 이토카와에 머물 3개월간의 단기전에서 성과를 거두기 위한 팀 구성으로 바람직했다고 생각한다. 게다가 슈퍼맨들에게 일이란 보람이라는 차원에서 커다란 즐거움을 주었을 것이다.

그런데 하야부사2의 팀 구성도 1호기 때와 똑같으면 과연 어떻게 될까. 하야부사2는 류구에 1년 반 머무른다. 1년 반 동안 슈퍼맨들에게 감기 한 번 걸리지 말고 오직 일에만 집중하라고 요구하는 건 현실적이지 않다. 하야부사 1호기 팀이 순발력형이라면, 하야부사2에게 필요한 건 지구력형이다. 지구력을 갖출 것, 하야부사2 팀이 도출한 첫 번째 분석 결과였다.

기술자는 비관적으로 사고하고 행동하는 인간이다. 우리는 하야부사와 동일한 수준의 문제점이 하야부사2에서도 6년의 비행 기간 동안 몇 차례 발생할 거라고 내다봤다. 적어도 그런 전제에 입각해서 사고했다.

1호 하야부사의 경우를 보자. 팀원들은 이토카와에서 분투하던 중 탐사선에 문제가 생겨 해결책을 찾아야 했다. 그 결과 착륙을 하고도 탄환이 발사되지 않는 등 믿기지 않는 실수가 발생하기도 했다. 제아무리 슈퍼맨이라도 한 번에 두 문제를 해결할 수는 없다. 1호 하야부사 방식의 한계는 거기에 있었다. 우리의 두 번째 분석이었다.

그렇다면 어떻게 할 것인가. 열쇠는 팀의 해결 능력 키우기다. 물론 개개인의 전문성은 높지만 그와 더불어 커뮤니케이션을 원활하게 해서로 보완하도록 팀을 설계한다. 그러면 팀의 내구력이 상승한다. 이런 구상을 바탕으로 하야부사2 팀은 부지런히 멤버 물색에 나섰다. 능력이 뛰어난 사람 중에서 적임자를 물색했지만 끝내 모집하지 못했다. 그래서 능력이 뛰어난 사람으로 키워내겠다는 약속을 하며 JAXA 신입

사원을 모으고, 박사후 과정, 대학의 연구원들에게 참가 권유를 하기도
했다.

팀 구성에 중요한 또 다른 요소는 공통체험이다. 공통체험이 강하면
큰 덩치로도 같은 목표를 향해 질주할 수 있다. 특히 내가 중시한 것은
'어떤 식으로 실패를 맛보게 할 것인가'였다.

사람은 실패했을 때 가장 크게 성장한다. 실패학失敗學이란 것이 한때
크게 인기를 끌었는데, 나는 그것을 실제로 체험했다. 내 우주개발 경
력의 첫발은 미국에서 모의 인공위성을 발사한 일이다. 그때 뼈아픈 대
실패를 맛봤다.

실패는 쓰디쓰다. 두 번 다시 맛보고 싶지 않다. 그러기 위해선 무엇
이 필요한지 필사적으로 고민한다. 그것이 곧 성장이다. 또한 혼자선
실패를 감당할 수 없다. 팀 내에서 실패를 경험하면 팀원끼리 분담하여
해결하려 한다. 결국 실패의 공통체험은 팀의 결속을 다진다. 내가 여
지껏 여러 차례 겪어본 바다.

실패해도 괜찮은 시스템을 어떤 식으로 팀 안에 마련할 것인가. 그
문제에 대해 하야부사2의 신체제 멤버들은 수차례 논의했다. 하야부
사2 운용을 적극적으로 신참에게 맡길 것, 훈련 계획을 세워놓고 부담
없이 실패해 가면서 팀이 성장할 수 있는 터전을 만들어 줄 것. 이 같은
해법들이 도출됐다.

유럽 우주기구에서 근무한 후 30대 초반에 하야부사2에 합류해 시
스템 담당자로 크게 활약한 야마구치 도모히로山口智宏는 언젠가 나한테

이렇게 말했다.

"내가 계산한 수치로 탐사선의 자세를 바꾼다거나, 내가 만든 명령어를 하야부사2에 직접 보내는 일 같은 건 생각해 본 적이 없었습니다. 그런데 막상 해보니 무서우면서도 무척 재미있었어요."

우주 미션은 규모가 클수록 실물과 동떨어져 서류나 계약으로 관리하는 일이 많아진다. JAXA는 계약을 통해 지시를 내리고, 실제로 손을 놀리는 작업은 제조업체의 지원 인력이 담당하는 패턴이다. 해외 우주 기구도 마찬가지다. 유럽에서 일한 경험이 있는 야마구치도 그 점을 익히 알고 있었기 때문에 그에게 하야부사2 방식은 신선했을 것이다.

나는 야마구치에게 이렇게 말했다. "그러니까, 이 방식이 재미있지?"

그가 어리둥절해하길래 덧붙여 설명했다. "그러니까, 전문가를 고용하고도 그 능력을 최대한 살리지 못하는 방식은 비정상적이지 않겠어? 하야부사2는 분명히 앞으로 몇 가지 문제에 맞닥뜨릴 거야. 그때는 머리가 아니라 손을 쓸 수 있는 팀이 필요하거든. 류구에서 어떤 어려운 일이 생기더라도 류구 탓은 아니잖아. 그러니까 이건 우리들 스스로 모든 문제를 직접 판단하고, 즉각 결정해서 해결하기 위한 훈련인 거지. 책임은 크지만 해볼 만한 가치가 있지."

당연한 말이지만, 탐사선에 치명적인 사태가 일어나지 않도록 이중 삼중의 점검 체계는 갖춰놓았다. 그 토대 위에 '책임은 프로젝트 매니저인 내가 질 테니 모두 꾸준하게 도전을 즐겨보자'라는 분위기를 조성했다.

소행성 이름을 지어라

하야부사2 발사가 성공하자 목적지인 소행성에 이름을 지어야 하지 않느냐는 주장이 본격적으로 제기됐다. 사실 그 시점까지 우리는 목적지인 천체를 1999 JU3라는 무미건조한 기호로 불렀다. 풀이하면, 1999년 5월 전반기(1~15일)에 95번째로 발견한 소행성이라는 의미다.

소행성의 이름은 국제천문학연합IAU에서 관리한다. 소행성에 이름을 붙이는 최우선 권리는 발견자한테 있다. 1999 JU3는 리니어LINEAR라는 미국의 연구프로젝트가 발견했다. 그래서 하야부사2 발사 1년 전인 2013년 8월에 하야부사2 팀이 "1999 JU3의 이름을 제안하고 싶습니다. 그 제안이 마음에 들면 IAU에 명명 신청을 해주시겠습니까?"라고 리니어에 타진했다.

리니어 팀은 "하야부사2는 중요한 미션이죠. 그런 일이라면 흔쾌히"라며 승낙해 주었다. 거기까진 일이 술술 풀렸다. 그런데 이름을 어떻게 지을지 좀처럼 실마리를 찾지 못했다. 하야부사 1호기가 간 이토카와는 좋은 이름이다. 하야부사 팀이 심혈을 기울여 지었다. 물론 하야부사2 팀은 1999 JU3에 남다른 애착이 있긴 했다. 그래도 이토카와에 필적하는 좋은 이름을 짓고 싶었다. 압박감을 느꼈다. 더군다나 하야부사2가 세계적인 지지를 얻으려면 팀 바깥에서도 아이디어를 받아보는 게 낫지 않겠냐는 의견도 나왔다. 하지만 이렇든 저렇든 나는 하야부사2 개발작업으로 너무 바쁜 나머지 이름 짓는 일까지 돌아볼 여력이 없었다.

그런데 하야부사2 발사를 계기로 '지금이야말로 이름을 붙여줄 때'
라는 분위기가 고조됐다. 이름 후보작을 2015년 7월부터 한 달에 걸쳐
전 세계를 대상으로 공모했다. 응모 건수는 7,336건이나 됐다. 일본인
이 많이 응모했지만 해외 응모자도 있었다.

다마로쿠토과학관多摩六都科学館 관장 다카야나기 유이치高柳雄一를 위
원장으로 하는 소행성 명칭 선정 위원회가 구성됐고, 응모한 명칭들을
면밀히 검토했다. IAU가 정한 명명규칙에 따르면 근지구 소행성은 가
능한 한 신화에 근거한 이름이어야 한다(이토카와는 이토카와 히데오糸川
英夫 박사 이름에서 따온 거라 이례적이다. 신화는 아니지만 전설?). 선정 기준
은 IAU의 룰을 벗어나지 않으면서 하야부사2가 갈 천체와 어울리는 것
이어야 했다. 당연히 이미 쓰이고 있는 이름은 안 된다.

선정은 어려웠다. 응모작이 7,000건을 넘은 데다 최다 득표한 후보
작만 해도 100건에 가까웠기 때문이다. 그만큼 응모작은 각양각색이
었다. 그 가운데 선정위원들의 눈길을 잡은 것이 류구다. 응모작 가운
데 30건이 류구였다. 1위는 아니었지만 순위가 꽤 높았다. 류구 두 글자
를 본 순간, 물을 탐사하는 하야부사2, 귀환 길에 보물상자를 갖고 올 하
야부사2의 이미지가 그려지면서 우라시마 다로浦島太郎 이야기가 떠올
랐다.* 그토록 유명한 이름이라 분명 이미 사용되고 있으리라 생각했는
데, 그런 이름이 붙은 소행성은 없었다. 위원들은 논의와 조사를 거쳐
마침내 만장일치로 류구를 당선작으로 선정했다.

국제천문학연합의 심사는 통상 3개월가량 걸리는데 류구의 심사는 이례적으로 약 보름 만에 조기 종결됐다. 10월 5일 기자회견에서 천체의 이름을 발표했다.

알파벳으로 Ryugu가 류구의 정식 표기다. 머잖아 있을 스윙바이를 통해 하야부사2는 목표 천체를 향해 궤도를 틀 예정이었다. 마침내 그 천체에 이름이 붙었다. 물을 떠올리게 하는 용궁이라는 이름의 소행성으로 가서, 우라시마 전설처럼 용궁의 공주를 만나 보물상자를 가지고 되돌아올 것이다. 프로젝트 팀원들에게 '거기 한 번 가보고 싶다'라는 느낌이 들 만한 이름을 세상 사람들이 지어준 것이다.

프로젝트 팀에게 기자회견장은 또 다른 전쟁터였다. 평소 기자회견 같은 것에 익숙하지 않은 데다 제대로 응답하지 않으면 어렵사리 성과를 내고도 하야부사2의 성과를 널리 알릴 수 없을 것만 같아 초조함이 밀려왔다. 아니나 다를까, 기자들은 우리의 진지를 파고드는 듯한 질문을 속사포처럼 쏘아댔다. 질문 중 압권은 "우라시마 다로 이야기에선

---

* **저자 주** 일본 설화 우라시마 다로 이야기는 이 책에서 자주 언급된다. 그래서 간략하게 그 내용을 알아둘 필요가 있다. 우라시마 다로라는 청년이 거북이를 구해주었는데, 어느 날 고기잡이 나간 우라시마 앞에 거북이가 나타나 우라시마를 등에 태우고 바닷속 용궁으로 데려간다. 용궁이 일본어로 류구龍宮다. 우라시마는 용궁에서 후한 대접을 받으며 여러 날을 보낸다. 문득 집으로 돌아가고 싶어진 우라시마는 뭍으로 보내달라고 간청한다. 용궁의 공주 오토히메乙姫는 돌아가는 우라시마에게 화장갑처럼 생긴 자그마한 보물상자玉手箱를 준다. 그리고 무슨 일이 있더라도 절대 보물상자를 열지 말라고 당부한다. 하지만 우라시마가 돌아온 바깥 세상은 수백 년이 흘러 있었다. 용궁의 며칠이 지상에선 수백 년에 해당한 것. 상심한 우라시마가 보물상자를 여는데, 연기가 나더니 순간 우라시마는 백발의 노인으로 변한다.

보물상자를 열면 연기가 나오고 우라시마가 늙어버리는데 류구에서 얻은 보물상자을 열면 무슨 일이 벌이지나요?"였다.

"우라시마 다로의 시대와는 달리 열어도 내용물이 흘러나오지 않게 되어 있습니다."(다카야나기)

"열면 말이죠, 늙는 건 과학입니다. 과학의 시간을 앞당길 테니까요."(쓰다)

"열 때 나오는 연기도 분석해 보고 싶군요."(요시카와)

이런 지성 충만한(?) 회견이 가능했던 것도 사람들이 류구라는 좋은 이름을 지어주었기 때문이라 생각한다.

지구 스윙바이 성공

발사 후 첫 1년 동안 하야부사2는 지구 공전궤도와 나란히 도는 비행 코스를 유지했다. 나란히 돈다 해도 태양과 지구의 중력이 작용하는 장場을 비행하기 때문에 지구와의 거리가 항상 같지 않다. 지구와 한 차례 헤어지고, 딱 1년 후에 다시 지구 가까이 되돌아오는 궤도다. 궤도 진입 후 6개월이 지나면 탐사선은 지구에서 가장 멀어지는데, 그때 둘 사이의 거리는 5,700만 킬로미터다. 거기서 이온엔진과 화학추진계를 가동해 하야부사2를 지구 쪽으로 이끈다. 그리고 계획대로라면 2015년 12월 3일에 스윙바이를 실시한다.

탐사선 비행경로(즉 궤도) 관리는 다케우치 히로시가 이끌고 후지쯔가 지원하는 궤도결정 그룹, 니시야마 가즈타카가 이끄는 이온엔진 그룹, 내가 이끌고 NEC가 지원하는 궤도계획 그룹 등 3개 그룹이 맡았다. 이 3인4각 작업은 일주일 단위로 서로 번갈아 가며 맡았다. 궤도결정 그룹은 탐사선과 주고받는 통신전파를 활용한 계측(RARR과 델타도어 기술)을 통해 하야부사2가 태양계 어느 곳을 날고 있는지(즉 내비게이션 정보) 계산한다. 이온엔진 그룹은 매주 이온엔진 컨디션을 평가하고, 일주일 후에는 추력을 어느 정도 낼 수 있는지 그 예상치를 뽑는다.

궤도계획 그룹은 그 내비게이션 정보를 바탕으로 지구를 경유해 류구를 목표로 하는 궤도계획을 매주 계산했다. 그 아웃풋output이 어느 방향으로 어느 정도로 이온엔진을 분사할 것인가에 관한 계획, 즉 이온엔진 운전계획이 된다.

지구 스윙바이를 하려면 지구와 가까운 한 지점을 조준해 탐사선을 정밀하게 비행시켜야 한다. 지구를 통과할 때 허용되는 오차는 한 자릿수 킬로미터다. 5,700만 킬로미터 떨어진 곳에서 한 지점을 조준하는 일은 도쿄에서 공을 던져 브라질에 사는 사람을 맞히는 것과 맞먹는 정확성이 요구된다.

나는 이온엔진이 무척 걱정스러웠다. 1호기 때 뼈아픈 상황을 두 눈으로 똑똑히 목격했기에 탐사선 무게에 여유분이 생길 때마다 최대한 이온엔진에 기대지 않는 궤도설계로 수정했다. 그 결과 스윙바이 이전 1년 동안은 단 500시간 가동, 더구나 최대 능력치는 쓰지 않고 이온엔진 추력기 4대 중 2대만 사용해도 스윙바이가 가능한 궤도설계가 탄생했다. (하야부사 1호기는 첫 1년 동안 4,300시간 가동했고, 그 기간 대부분은 이온엔진 추력기 3대로 운전했다)

상당히 단순한 운전계획에 니시야마는 "이래서야 '하야1'보다 나은 놈을 만들어 놓고도 '하야1'을 능가하는 기록을 낼 수 있겠나"라고 했다. 역시 이온엔진을 담당하는 호소다 사토시細田聡史도 "이온엔진을 좀 더 믿어주시죠"라고 했다. 내 고민을 이해하면서도 이온엔진 기술자로서 가만히 보고만 있을 순 없다는 심정이었을 것이다.

하지만 막상 뚜껑을 열어보니 비행은 아주 순조로웠다. 이온엔진은 정확하게 뿜고 싶을 때 뿜었다. 덕분에 나도 점점 자신감이 뿜어져 나오기 시작했다. 일이 너무 순조롭게 풀려 조금 더 욕심을 내보기로 했다.

원래 계획에선 스윙바이 직전에 화학추진 시스템을 이용해 스윙바이를 위한 정밀 궤도수정을 실행키로 했다. 그 말은 곧 스윙바이 전후로 이온엔진의 역할은 없다는 뜻이다. 하지만 한편으로 류구 도착 후 터치다운 등의 운용 때에 사용하기 위해 되도록 화학추진 시스템을 아껴놓고 싶었다. 그래서 스윙바이를 위한 첫 궤도수정에 이온엔진을 사용하기로 했다. 이로 인해 운용계획, 궤도설계가 다시 수정됐다. 팀의 임기응변 대응능력을 시험해 보는 좋은 기회이기도 했다.

9월 1~2일, 이온엔진을 이용한 궤도수정Trajectory Correction Maneuver, TCM을 실행했다. 운전 예상 시간은 12시간, 가속량은 초당 1.3미터다. 이온엔진은 추력이 작은 만큼 운전량을 미세하게 조정하기 쉽다. 관제실 도플러 모니터에 뜨는 이온엔진의 가속 내력을 보면서 미리 정해둔 가속량에 도달하는 즉시 운전을 딱 멈춰야 한다. 운전정지 시각을 정확히 산출하기 위해 마지막엔 그래프를 종이에 인쇄하여 자를 대고 측정해 보기도 했다. 뜻하지 않게 아날로그 방식도 써보았다. 궤도수정은 정확하게 종료했다. 이로써 스윙바이 목표지점으로 설정한 지구 상공 고도 3,090킬로미터 한 지점으로부터 1만 킬로미터가량 벗어나 있던 궤도를 400킬로미터까지 줄였다.

거기까지 탐사선을 보내면 차후는 화학추진 시스템에 맡기면 된다. 11월 3일에는 화학추진 시스템을 사용해 1차 궤도수정TCM1을 실시했다. 스윙바이 목표지점에 오차 11킬로미터로 근접했다. 11월 26일에는 2차 궤도수정TCM2을 실시하여 목표지점까지의 거리 오차를 3킬로미터까지 좁혔다.

정확도가 충분하다는 판단 아래 12월 1일로 예정된 최종 궤도수정은 취소했다. 하야부사2는 정확하게 스윙바이 코스에 진입했다.

사실 이 정도에서 스윙바이의 성패는 얼추 결정됐다고 봐도 무방하다. 이 다음은 하야부사2 자체에 무슨 일이 벌어지든 상관없이 관성으로 날아가기 때문에 스윙바이에 문제는 없다. 니시야마와 다케우치 등 궤도운용 담당자들은 안도의 한숨을 내쉬었다.

반면 긴장감이 고조된 쪽은 사이키 등 시스템 담당자들이었다. 하야부사2의 경우 지구를 통과하는 딱 20분간 그늘을 경험한다. 하야부사2에게 그늘이란 극히 드문 체험이다. 우주에는 먹구름이 없다. 햇빛

이미지 11　**지구 스윙바이 때 광학항법 망원카메라로 촬영한 지구.** ⓒJAXA, 도쿄대 등

이 있는 한 태양전지는 전기를 일으킨다. 햇빛이 스윙바이 순간만 지구에 가려진다. 미션 기간 통틀어 유일하게, 피치 못하게 생기는 그늘이 이때의 20분간이다. 갑자기 햇빛이 닿지 않게 됨으로써 하야부사2가 이상 상황이라 판단하지 않도록 꼼꼼히 설정해 두었다.

　2015년 12월 3일 18시 58분(일본 시간), 하야부사2는 그늘로 진입했다. 전력 공급원이 배터리로 바뀌었다. 19시 8분 7초에 지구와 가장 근접해서 통과. 태평양 상공 고도 3,090킬로미터를 정확히 뚫고 지나갔다. 19시 18분 그늘 통과 완료. 그 순간 관제실은 절로 박수 소리로 메아리쳤다.

하야부사2는 스윙바이 전후로 지구와 달의 과학관측을 꽤 많이 수행했다. 굳이 지구와 달을 관측해서 어쩌자는 것이지? 이런 의문이 들지 모르겠지만 이 순간이 하야부사2에겐 류구에 도착하기 전에 천체에 접근하는 마지막 기회이기 때문이다. 그 외 다른 기간은 아무것도 없는 칠흑 같은 우주 공간을 줄창 날아간다. 지구와 달은 익히 알려진 천체다. 잘 알려진 천체가 하야부사2 관측기기에 어떻게 찍혀 나오는지 체크함으로써 관측기기의 성능을 평가할 수 있다. 그 기회를 살리려는 의도였다.

그리하여 중간적외 카메라TIR는 지구를 공전하는 달을 발견했고, 근적외 분광계NIRS3는 지구에서 대량의 물을 포착했다. 광학항법 망원카메라ONC-T는 지구가 초록빛 별이라는 사실을 증명했다(이미지 11). 와타나베가 이끄는 사이언스 팀에게는 류구라는 적을 알기 전에 관측기기라는 나를 아는 좋은 기회였다.

백미 중의 백미는 레이저 고도계LIDAR의 광링크 실험일 것이다. 광링크 실험이란 지구상의 망원경으로 하야부사2를 향해 레이저를 쏘고, 하야부사2의 LIDAR로 그것을 수신하는 실험이다. 광통신 실험을 해보려 한 것이다. 호주에 있는 망원경이 이 실험에 참여했다. 그 결과 670만 킬로미터 거리에서 광링크에 성공했다. 심우주 광통신은 아직 개발 중인 기술인데, 세계에서 다섯 번째로 성공한 셈이 됐다. 더불어 류구 도착 전에 LIDAR가 잘 작동한다는 것을 확인했는데, 이는 하야부사2 프로젝트에 커다란 안정감을 주었다.

일본을 중심으로 지상에 있는 수많은 망원경들이 지구와 아주 가깝게 비행하는 하야부사2를 관측했다. 사실 나는 그것을 염두에 두고 궤도에 살짝 손을 댔다. 일본에서 하야부사2를 쉽게 관측하도록 저녁 때 태평양 상공을 통과하는 스윙바이 궤도를 만들어 놓은 것이다. 국내외 82곳의 아마추어 및 프로 망원경이 관측에 도전, 날씨가 좋았던 36곳에서 성공적으로 하야부사2를 관측했다. 1년 전 다네가시마에서 배웅했던 하야부사2가 보란 듯이 우주비행 하는 모습을 보게 돼 무척 반가웠고, 전 세계 곳곳에서 그 모습을 흥미롭게 바라보는 사람들이 있다는 사실이 또한 반가웠다.

아니나 다를까, 스윙바이 성공을 보고하는 기자회견은 전쟁터였다. "스윙바이를 성공시킨 현 단계는 우라시마 다로 이야기로 치면 어디쯤인가요?"

'질문을 참 잘도 지어내는구나'라는 중얼거림이 입 밖으로 툭 튀어나왔다. 그럼에도 나는 "거북이 등에 올라타고 물가, 바다로 막 잠수한 때라 할까요"라며 횡설수설 대답했다. 아직 바다에 들어가지 않았다고? 그런 생각이 들었겠지만 사실, 탐사는 이제 막 걸음마를 뗀 단계였다. 솔직히 그렇게 말하고 싶었다. 지구 근처에서 이윽고 심우주라는 드넓은 바다로···. "지구인 여러분, 다녀오겠습니다." 하야부사2는 그런 마음을 가슴에 새긴 채 오직 류구만을 좇아 닻을 올렸을 뿐이다.

류구 탐사 작전을 짜다

이제 류구 도착 이전 시점에서 알게 된 것들을 하야부사2 운용계획에 필요한 정보의 관점에서 정리해 보겠다.

탐사계획을 세울 때 가장 중요한 세 가지는 천체의 중력, 자전 상태, 표면 온도다. 중력의 세기는 하야부사2가 류구에 도착한 이후 연료 소모량을 좌우한다. 자전 상태는 류구에 착륙할 기회가 어느 시기에 얼마나 자주 찾아올지 결정한다. 그리고 표면 온도는 탐사선이 저고도에 머물 수 있는 시간에 영향을 준다.

그럼 이 같은 류구의 기본 정보를 어떻게 구할 수 있을까. 지구에 있는 광학망원경과 아카리AKARI처럼 지구 공전궤도를 도는 우주망원경의 관측으로 정보를 얻는다.

지상에서 아무리 성능 좋은 망원경으로 관측해도 소행성은 점으로밖에 안 보인다. 따라서 소행성의 정보는 이 점의 색깔, 밝기 그리고 명암이 바뀌는 양상으로 추정하는 수밖에 없다.

크기를 예로 들어보자. 소행성을 망원경으로 본다는 것은 곧 햇빛이 소행성에 반사되고, 반사된 그 빛을 지구에서 보는 것이다. 소행성이 클수록 반사되는 햇빛도 많아지니까 소행성의 반사율을 계산하면 소행성의 크기를 가늠할 수 있다. 이런 식으로 추정한 류구의 지름은 약 1킬로미터였다.

그럼 반사율은 어떻게 아나. 반사율은 소재가 결정하니까 소행성 표면이 무엇으로 이뤄졌는지 알면 된다. 소행성 표면을 알기 위해 가장 중요한 것은 색깔이다. 전문용어로 스펙트럼이라 한다. 색깔은 여러 파장의 빛이 합성된 것이라 어떤 색깔의 파장(즉 스펙트럼)의 강도를 분석하면 소재를 추정할 수 있다. 류구의 스펙트럼은 C형으로 분류됐다. 탄소질의 거무칙칙한 소행성인 것으로 추정됐다. 또 반사율을 알면 거꾸로 햇빛의 흡수율도 구할 수 있기 때문에 소행성의 표면 온도 추정도 가능하다.

이렇게 해서 소행성의 크기가 정해지면 밀도를 추정해 질량을 가늠한다. 그러면 만유인력의 법칙을 적용하여 소행성의 중력을 알 수 있다. 그럼 밀도는 어떻게 알 수 있을까? 이것만은 지구에서의 관측으론 결코 알 수 없다. 소행성 표면의 소재를 특정할 수 있다손 치더라도 속살까지 똑같을지는 알 수 없기 때문이다. 또한 그 소재가 얼마나 조밀하게 뭉쳐져 있는지도 모른다. 그래서 이 부분은 행성과학의 지식을 바탕으로 가정하는 수밖에 없다. 하야부사2 프로젝트가 가정한 류구의 질량은 1억 6,000만~14억 톤이다. 질량의 폭이 12억 톤 이상 되는 까닭은 류구의 밀도에 대해 전혀 자신이 없었기 때문이다.

망원경으로 소행성을 보면 밝기가 바뀐다. 밝기 변화의 주기로 자전주기를 정확히 파악할 수 있다. 계측해 보니 류구의 자전주기는 7시간 38분이었다. 난제는 류구의 생김새와 자전축의 방향이다. 망원경으로 보이는 점의 정보로 생김새를 복원한다고 말하면 금방 이해가 안 갈 것이다. 자세한 건 생략하지만, 점의 밝기가 시간에 따라 어떻게 변하는

지 관찰하면 소행성의 형태와 자전 방향을 동시에 해독할 수 있다. 하지만 한계도 있다. 공처럼 대칭성이 강한 형태를 가진 천체와 표면이 모자이크처럼 생겨 장소에 따라 반사율의 편차가 큰 천체는 이런 방법이 잘 안 통한다. 도착해서야 알았지만, 주판알 형태의 류구는 강한 대칭성 케이스의 전형이었다.

류구 도착 전에 가장 그럴싸하게 류구의 형태를 추정한 사람은 독일 막스플랑크 연구소의 토마스 뮐러다. 우리는 그가 추정한 것을 뮐러 모델이라 부르며 미션을 계획할 때 여러모로 참고했다. 뮐러 모델에 따르면 류구의 자전축은 공전면에 대해 옆으로 누워 있고, 형태는 감자 모양이었다. 결과적으로 뮐러의 추정은 전혀 맞지 않았다. 왜냐하면 착오를 불러올 정도로 류구가 빼어난 대칭 형태였기 때문이다. 과학의 한계다. 잘못이 있는 쪽은 인간이 아니라 류구다.

그러고 보면 하야부사2의 설계, 탐사 장비, 운용계획을 책정하는 근거로 삼기에는 류구에 관해 알고 있던 정보가 실로 어쭙잖았음을 절감한 셈이다.

* * *

자 그럼, 이제 하야부사2로 화제를 돌려보자.

하야부사2는 류구에 1년 반 머문다. 류구의 공전주기가 1.3년이니까 하야부사2는 태양 주위를 한 바퀴 도는 셈이다. 그 기간에 하야부사2에게 부여된 미션은 터치다운 3회, 인공 충돌구 생성 1회, 착륙기(미네르바II, 마스코트) 분리다.

만만찮은 이들 미션은 특별한 운용체제를 가동하고 특별한 주의를 기울여야 하기에 크리티컬 운용critical operation(가장 중요하고 위험한 운용)이라 불렸다. 크리티컬 운용은 저고도 지점 하강을 포함한다. 터치다운 때는 하야부사2가 주로 머무는 고도 20킬로미터에서 0미터까지 내려가며, 인공 충돌구 생성 때는 500미터, 착륙기 분리 때는 류구 상공 50미터까지 하강할 계획이었다. 하강 때는 연료가 소모되기 때문에 무제한 시도할 수 없다. 하야부사2가 가진 연료로는 총 17회밖에 하강할 수 없다. 당초 계획한 크리티컬 운용을 분류하면 다음과 같다.

A미션: 중고도 관숙비행慣熟飛行*. 고도 1~5킬로미터 레벨(중고도)까지 하강 테스트.

B미션: 저고도 항법 테스트. 고도 30~50미터까지 하강 테스트. 착륙기 분리 운용도 포함.

C미션: 저고도 자율유도 테스트. 고도 20미터까지 하강해 착륙에 필요한 자율비행 성능을 확인하는 테스트. 터치다운의 리허설 차원.

D미션: 터치다운(통상적인 방식. 착륙 정밀도 50미터)

E미션: 저고도 타깃 마커 추적 테스트. 핀포인트 터치다운을 위해 타깃 마커를 떨어뜨리고 탐사선 탑재 카메라로 추적하면서 저고

---

* 지형지물 등을 눈으로 보고 몸으로 체험하며 익히는 비행훈련.

도에서 자율비행 제어 테스트.

F미션: 핀포인트 터치다운(착륙 정밀도 한 자릿수 킬로미터).

S미션: 인공 충돌구 생성 및 그 전후의 지형 관측을 위한 하강.

A미션, B미션 등은 이 책에서 설명을 쉽게 하기 위해 임의로 붙인 명칭이다. 기술 난이도가 점차 올라가는 순서로 배열하거나, 과학조사가 논리적인 순서로 진행되도록 배열한 결과를 위에 쓴 알파벳으로 정리하면 이런 식으로 된다.

A → B → C → D → C → D → S → E → F

D가 2회, F가 1회 등장하는 건 터치다운을 총 3회 실행한다는 뜻이다. S 다음에 F가 오는 건 인공 충돌구를 만든 후에 그곳으로 핀포인트 터치다운을 한다는 의미다. 그때그때 상황에 따라 하나의 미션 안에 두 차례 넘는 하강이 포함되기도 한다. 가령 S미션은 사전 관측, 본격 인공 충돌구 생성, 사후 관찰 등 3회의 하강운용으로 구성되는 식이다.

실제로는 류구 정보가 극히 부정확해 계획대로 이행하기 어려웠다. 특히 '중력' '자전축의 방향' '표면 온도'에 대해 쓸 만한 예상치가 없는 게 문제였다. 류구에 도착하고 나서 예상 밖의 사태에 두 손 들어버리는 일이 없도록 수십 갈래의 운용 패턴을 만들어 놓기도 했다. 하야부사2 프로젝트 팀에겐 가능한 모든 경우를 상정하고 계획을 세우는 일이 가장 힘든 작업이었다.

모두 소개하기엔 지면이 부족하니 여기에선 알기 쉬운 사례만 몇 가지 들겠다. 가령 류구의 중력이 클 경우에는 하강 횟수를 줄여 연료를 아껴야 한다.

즉 A → B → C → D → S를 택해 착륙 1회와 인공 충돌구 생성만 실행한다. 무척 해보고 싶은 시도지만 연료가 충분치 않으면 이마저도 울며 겨자 먹기로 접어야 한다.

자전축의 방향에 따라 태양, 지구, 소행성의 위치 관계를 따져봤더니 인공 충돌구 생성-충돌구 관찰-충돌구 주변으로 터치다운 하는 일련의 시간이 충분히 확보되지 않는 경우가 있었다. 그런 경우에는 다음처럼 순서를 변경해 보았다.

A → B → C → D → S → E → F → C → D

난이도가 높은 핀포인트 터치다운이 먼저 등장하는 게 난점인 계획이다.

그중에는 이런 별종도 있었다. 만약 소행성 표면이 여기저기 가릴 것 없이 울퉁불퉁해 착륙할 장소가 없는 경우는 어떻게 할 것인가. 인공 충돌구 생성에 따라 지표면이 정비될 것으로 기대해 A → B → S → C → D 방안이 논의됐는데, 제법 그럴싸했다. 이 경우 S의 목적은 더 이상 인공 충돌구 만들기가 아니라 착륙을 위한 터다지기 공사다. "실제로 그런 일이 벌어지면 항복뿐인데 말이야"라며 농담 반 진담 반 말했던 방안이다. 하지만 현실은 소설보다 경이롭다. 소설 같은 그 상상이 가장 현실에 가까웠다는 것을 그땐 아무도 몰랐다.

여기서 소개한 내용은 전형적인 사례의 극히 일부일 뿐이다. 2015년

~2017년 말에 걸쳐 프로젝트 팀은 모든 상황을 상정한 계획을 수십 갈래로 나눠 짜놓았다.

나중에 키포인트가 될 테니 한 가지 언급해 둘 것이 있다. 우리가 세운 탐사계획에선 어떤 경우든 핀포인트 터치다운(F)은 노멀 터치다운(D) 후에 혹시라도 가능하다면 실시하기로 했다. 왜냐하면 핀포인트 터치다운의 난이도가 훨씬 더 높기 때문에 D를 하지 않고 F를 실행하는 건 정상적인 기술 시스템이 아니라고 판단했기 때문이다. 류구가 제아무리 예상을 벗어나는 곳이라 해도 D보다 먼저 F를 시도하는 건 무리다. 그것이 당시 우리가 가진 공학기술의 상식이었다.

모조품이 실제 모습을 알아맞혔다
착륙지점 선정 훈련

운용계획 책정과 더불어 프로젝트 팀이 위기감을 가지고 진지하게 다룬 것이 훈련이다. 우리는 류구 탐사계획을 물 샐 틈 없이 촘촘히 짰지만 그 계획이 완벽하다곤 생각하지 않았다. 누가 뭐라 하든 류구는 인류가 밟아본 적 없는 천체다. 인간의 상상 범위 안에 머물 리 없다(그런 천체라면 가봤자 소용없다!)

그래서 '예상 밖의 일을 예상하자'가 하야부사2 팀의 슬로건처럼 됐다. 모든 것을 예상하는 건 불가능하지만 예상 밖의 일이 일어날 것을 예상하는 건 가능하다. 예상 밖의 일에 대처하는 가장 효과적인 처방전이 훈련이라는 게 우리가 얻은 답이었다.

하야부사2 팀이 설정한 훈련은 두 종류다. 하나는 착륙지점 선정 훈련. Landing Site Selection의 머리글자를 따 LSS 훈련이라 했다. 나머지는 실시간 통합운용 훈련이라는 것인데, 뒤에서 서술하겠다.

LSS 훈련이란 탐사선이 류구에 도착할 때 수많은 프로젝트 멤버가 신속히 관측하고, 지체 없이 분석해 착륙 목표지점들을 추려낸 후 한 지점으로 압축하는 훈련이다. 우리가 만든 류구 탐사계획에 따르면 류구 도착 후 착륙 목표지점을 결정하는 데 주어지는 시간은 1.5개월이다. 1.5개월 안에 류구를 관찰하고, 관찰한 자료를 바탕으로 3차원 지도 및 중력, 화학성분 분포, 지형 맵 등 고차원 결과물high level product을 작성하며, 이를 바탕으로 안전하거나 과학적으로 가치가 큰 착륙지점을 선택해야 한다. 이 모든 작업들은 상당한 전문성을 필요로 하기 때문에 아무나 못 한다. 프로젝트 팀 내부의 국내외 과학자들과 JAXA의 기술자들 총 100명이 이 작업에 관여했다.

훈련을 하기로 한 이상 소행성 정보가 필요했는데, 가보지도 않은 소행성에 관한 정보가 있을 턱이 없다. 그래서 LSS 훈련에 쓸 시험문제를 만드는 팀을 구성했다. 출제 팀을 이끈 이들을 소개하자면, 공학 쪽은 젊은 피 야마구치 도모히로, 물리학 쪽은 프로젝트 사이언티스트의 와타나베와 사이언스 활동의 실무를 보좌하는 우주연 소속 다나카 사토시田中智였다. 소행성과 운용기술 전문가 30명가량이 이들과 함께했다.

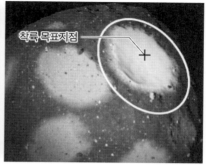

착륙 목표지점

이미지 12　LSS 훈련에 사용한 '류고이드'(왼쪽)와 훈련에서 선정된 착륙 목표지점.
ⒸJAXA

　　그들은 우선 훈련용 모조 류구 모델(통칭 류고이드Ryugoid)을 만들기로 했다. 모조라곤 해도 설렁설렁 만들지 않았다. 도호쿠대학 나카무라 도모키中村智樹를 비롯한 태양계 과학 전문가를 불러 모았으며, 행성 형성에 관한 이론을 근거로 류고이드의 탄생과 진화의 역사를 가상으로 만들었다. 그 역사를 바탕으로 류고이드의 형태와 표면 상태를 도출했다. 그런 식으로 완성한 류고이드 모델은 감자 같은 형태를 띠고, 울퉁불퉁한 암석이 산재하며, 까슬까슬 모래가 군데군데 깔린 대형 충돌구를 지닌 천체였다(이미지 12).

　　이것을 데이터화해 보니 3억 폴리곤polygon이 넘는 3차원 모델이 나왔다. 폴리곤이란 3차원 모델을 구성하는 작은 평면을 일컫는다. 폴리곤이 3억 개나 있으면 일반적인 PC는 메모리를 감당하지 못한다. 표시만 하려 해도 용량을 크게 늘린 괴물급 PC가 있어야 했다. 엄청난 개수뿐 아니라 류고이드의 역사에 근거해 폴리곤 하나하나에 색, 물성 등의 특성이 부여됐다.

　문제를 푸는 쪽, 즉 소행성 도착 후에 류구 탐사를 맡는 팀은 출제 팀이 만든 류고이드를 하야부사2의 관측 장치라 할 색안경을 통해 봐야 한다. 말하자면 있는 그대로의 류고이드 모습을 보는 게 아니라 관측 장치의 오차와 성능의 제약이 가미된 상태로 봐야 한다. 예를 들면, 하야부사2의 카메라로 관측되는 류고이드는 당연히 3차원이 아니라 2차원 화상으로 보이며, 렌즈의 왜곡과 수차收差(렌즈에 의해 생기는 색 번짐과 흐려짐) 등의 영향도 받는다. 그래서 탐사 팀은 이런 오차로 왜곡된 2차원 정보로 3차원의 류고이드 진짜 모습을 복원해야 한다.

　2016～2017년에 실시된 LSS 훈련에선 소행성 도착 후 2개월간 체험하게 될 관측, 해석, 회의, 결정 등이 충실히 재현됐다. 실전과 달랐던 점은 류구가 아니라 류고이드였다는 것과 꼼꼼히 훈련하기 위해 시간을 여유롭게 쓰는 바람에 1.5개월 걸려야 할 작업이 반년이 걸렸다는 것 정도라고 할까.

　우리는 가상으로 설정한 훈련상의 타임라인 안에서 2017년 4월 류고이드에 도착했다. 탐사선의 고도가 20킬로미터일 때부터 관측을 시작했다. 5월에 처음으로 고도 5킬로미터로 하강, 근접 관측을 실시했다. 6～7월에는 관측 결과들을 바탕으로 하야부사2, 미네르바II-1, 마스코트 등이 착륙할 후보지점들을 뽑아냈다.

　야마구치와 다나카는 대학의 연구자와 해외 전문가들의 광범위한 데이터 해석 작업을 일일이 관리했다. 또 문제가 생길 때마다 수정하고, 신통치 않으면 재수정을 지시했다. 와타나베는 과학자로서의 이상 추구와 탐사선 운용에 필요한 현실감각 사이에서 절묘하게 균형을 잡으며 논의를 이끌었다. 마스코트 팀 소속 독일·프랑스 멤버들은 "이거 너무 정신없는데요. 왜 1.5개월에 집착하는 겁니까? 좀 더 느긋하게 시간을 두고 꼼꼼하게 하는 편이 낫지 않나요?"라며 여러 차례 불평을 늘어놓았다. 그래도 그들은 마지막까지 우리 방식에 따라주었다.

2017년 9월 5일, 착륙지점을 정하는 최종결정 회의에 관한 훈련이 이뤄졌다. 실전에선 류구 도착 2개월 후에 개최되는 회의로 착륙기 3개의 착륙지점이 결정되면 전 세계에 공개된다. 프로젝트에서 중대한 결정이 이뤄지는 회의다. 팀원들이 얼마나 원활하게 합의를 이뤄나갈 것인가도 중요한 훈련 항목이다. 마스코트 팀도 프로젝트 매니저인 트라미를 비롯해 대거 일본을 찾았다. 60명가량이 우주연에 모였다.

이 회의에서 하야부사2는 백설공주 충돌구에, 미네르바II-1은 여왕 충돌구에, 마스코트는 거울 평원에 착륙시키기로 결정했다. 동화 속 지명들은 와타나베 프로젝트 사이언티스트의 아이디어다. 훈련이라도 지명은 붙인다. 하야부사2 팀은 이런 부분조차 얼렁뚱땅 넘어가지 않았다.

가공의 천체에 대한 토론이라 여기기 힘들 만큼 회의 열기는 뜨거웠다. 회의의 하이라이트 중 하나는 막판에 프로젝트의 총의로 착륙 목표 지점을 결정하게 된 대목이다. 또 다른 하이라이트는 답안 맞춰보기 장면이다. 그날 처음으로 출제 팀이 류고이드의 진짜 모습을 공개한 것이

다. 탐사 팀이 풀이한 답안은 실제 류고이드에 거의 근접했다. 이 자체
는 프로젝트 팀에게 큰 자신감을 주었다. 회의 막바지에 누군가 혼잣말
로 중얼거렸다. "류구가 류고이드를 닮았을까?"

그러자 모두 일제히 대꾸했다. "절대 그럴 리 없지."

그렇다면 훈련은 무의미했나. 꼭 그렇지만은 않다. 류구가 어떤 소행
성이든 간에 이런 팀이라면 적절한 임기응변으로 대처할 수 있겠구나
하는 자신감과 동료에 대한 신뢰감이 팀원들에게 심어졌기 때문이다.

"너무 심한 거 아냐?"라는 말에 째려본 사람들
리얼타임 운용 훈련

실시간 통합운용 훈련은 쉽게 말해 리얼타임 관제훈련이다. Realtime
Integrated Operation의 머리글자를 따 RIO 훈련으로 불렸다(이미지
13). 사족이지만, 이 훈련을 처음 생각해 낸 때가 브라질 리우*올림픽이
열린 2016년이다. 리우올림픽을 구실 삼아 우선 RIO 훈련이라 이름 지
은 후 단어를 끼워 맞췄다. 공학 팀은 이 이름을 지을 때 아주 진지했고,
꽤 많은 시간을 썼다.

프로젝트 엔지니어로서 개발을 지휘하던 때부터 나는 탐사선 착륙

---

* 일본어 발음은 '리오'다.

처럼 어려운 운용은 반드시 훈련이 필요하다고 믿었다. 그래서 하야부사2 개발 때 시험용으로 만든 부품과 장치를 버리지 않고 그대로 보관했다. 나중에 그것들을 한데 모아 전기적電氣的으로 하야부사2와 똑같이 작동하는 시뮬레이터를 만들 심산이었다.

내가 프로젝트 매니저가 된 2015년, 이 구상에 생명을 불어넣은 이가 프로젝트 엔지니어 사이키다. 내가 구상을 밝혔을 때 그는 마뜩잖아 했다. "훈련을 하려면 처음부터 끝까지 리얼해야 합니다. 그런데 쓰다 씨의 구상에는 리얼함이 부족합니다."

'그렇다면 더 나은 아이디어로 다듬어 보자' 하는 쪽으로 팀원들의 생각이 모아졌고, 우리는 리얼함이란 무엇인지 알아내기 위해 원래 구상을 검토하고 또 검토했다. 우리와 비슷한 개념으로 훈련하고 있다는 JAXA 쓰쿠바 우주센터의 HTV(우주정거장 무인보급선) 팀과, ISS(국제우주정거장)를 운용하는 팀을 견학하기도 했다. 유인 비행을 다루는 그들은 훈련에도 성실히 투자했다. 같은 문제의식을 가진 기술자들끼리의 대화는 시작하자마자 무르익어 갔다. 우리가 하야부사2 운용 훈련을 구상하고 있다고 말하니, 그들은 훈련의 핵심과 비결을 전수해 주었다.

그리하여 하야부사2의 비행 상태를 단순히 컴퓨터상에 재현하려 했던 환경 시뮬레이터에 화상생성 장치와 지연 장치를 새로이 추가했다. 화상생성 장치는 LSS 훈련에도 등장한 류고이드의 3차원 모델을 실시간으로 그려내고, 그 이미지를 화상 형태로 하야부사2 시뮬레이터의 광학항법 카메라에 입력한다. 우주연의 3차원 그래픽 일인자 미우라

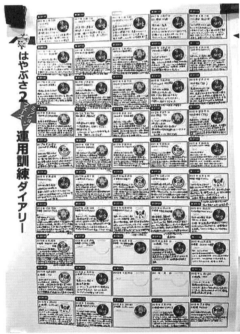

이미지 13　**RIO 훈련 모습과 성적표.** ⓒISAS/JAXA(위), ⓒJAXA/하야부사2 프로젝트 팀(아래)

아키라三浦昭가 이 일을 맡아주었다. 지연 장치는 터치다운 때 지구와 하야부사2 간 거리를 3억 킬로미터로 가정해 20분간 신호를 지연시키는 장치다. 동네 소규모 공장에서 순식간에 만들어 주었다. 둘 다 작지만 손재주가 훔씬 묻어나는 발명품이다.

두 발명품으로 시뮬레이터의 현장감은 극적으로 상승했다. 관제실 안에 있는 사람들은 마치 실물 하야부사2를 컨트롤하는 듯한 감각을 익혔다. 하야부사2 시뮬레이터가 촬영한 류고이드 화상은 지연 장치를 거쳐 20분 늦게 관제실에 도착한다. 거꾸로 관제실에서 보낸 지시는 지연 장치를 거쳐 20분 늦게 하야부사2 시뮬레이터에 도착한다. 하야부사2 시뮬레이터가 설치된 방은 관제실과 떨어진 별개의 장소다. 통칭 신神의 방이었다. 신의 방이라 부른 이유는 그곳이 하야부사2 시뮬레이터를 직접 조작해 온갖 고장이나 문제를 일으킬 수 있는 공간이기 때문이다. 방 입구에는 신 이외 출입금지라는 문구가 적힌 쪽지가 붙어 있었다. 훈련 대상자인 운용 멤버는 출입할 수 없었다.

2016년 RIO 훈련을 위한 여건이 갖춰지자마자 훈련계획을 짰다. 그 중심 인물이 JAXA에 입사해 곧바로 프로젝트에 배치된 다케이 유토武井悠人다. 다케이는 신입임에도 일을 척척 해내는 다정다감한 청년으로 굳히기 기술이 장기인 유도인이다. 그는 굳히기에 들어간 유도선수처럼 끈덕지게 하야부사2 개발 경위를 조사하고, 고참 멤버들을 일일이 면담하여 하야부사2 설계의 약점과 운용의 취약점을 파악했다.

RIO 훈련 대상은 저고도 하강과 연관된 모든 운용이다. 로버rover(탐사선에 탑재된 로봇) 분리, 터치다운, 인공 충돌구 생성 등에 대한 운용이다. 훈련은 실시간으로 이뤄진다. 대다수 하강운용은 24시간 걸린다. 그래서 훈련도 실전과 마찬가지로 8시간씩 3교대로 24시간 동안 쉼 없이 실시하기로 했다.

통상 훈련은 류고이드 상공 20킬로미터에서 시작한다. 탐사선의 하강 속도는 초당 1미터이고, 고도 5킬로미터에서 멈춘다. 고도 5킬로미터 이하는 속도를 줄여 초당 10센티미터로 하강한다. 하강 중에 촬영되는 항법 화상은 소행성에 대한 탐사선의 위치를 계산하는 데 쓰인다. 이것을 바탕으로 궤도조정을 위한 추력기 분사 지시를 10분 간격으로 송신한다. 이처럼 하강운용은 관제실의 운용자와 탐사선 하야부사2의 공동작업이다. 타이밍과 계산이 어긋나면 하야부사2는 예정된 하강궤도를 벗어나 소행성으로 돌진하는 등 위험에 처한다.

RIO 훈련에서 흥미로운 대목은 이제부터다. 신의 방에 있는 출제자(통칭 신의 팀)는 마음대로 문제 상황을 발생시킬 수 있다. 예를 들면 하야부사2 시뮬레이터를 조작해 탐사선 고장 내기, 신호선을 확 뽑아 통신 두절 초래하기, 마음에 안 드는 순간 중요 인물에게 복통을 안겨줘 관제실 밖으로 내보내기 등등. 그런 일들을 쉴 새 없이 당하면 운용팀은 초조해진다. 운용을 계속할 것인가, 포기(하강 중지)하고 긴급상승 할 것인가. 결단의 순간에 내몰린다. 이 훈련이 노린 게 바로 그것이었다. 어떤 난관에 처하더라도 올바른 판단을 내릴 수 있는 팀을 만드는 것. 그것을 얻기 위해 훈련은 반복됐다.

마음씨 좋은 사람은 신의 팀 업무에 적임자가 아니다. 신입이었던 다케이는 처음엔 수십 명이나 되는 관제 멤버에게 덫을 놓는 일에 눈치를 보거나 머뭇거렸는데, 나는 "좋아, 잘하고 있어. 더 밀어붙여"라며 부추겼다. 관제 멤버들은 처음엔 "괜찮아 괜찮아. 더 세게 해봐"라며 호기롭게 상대를 자극했다. 하지만 얼마 안 가 "이런 문제는 일어날 리가 없잖아"라며 신을 모독하기 시작했다. 게다가 훈련이 거듭되면서 관제실 멤버는 신의 의도를 간파하게 되어 신의 허를 찌르는 식으로 문제를 해결하려 했다. 그러자 다케이도 손 놓고 있지 않았다. 삼중, 사중으로 덫을 놓아 무시로 관제 멤버를 궁지에 빠뜨렸다. 어느 날 내가 다케이에게 "좀 심하지 않아?"라고 말했더니, 격투기 선수의 눈초리로 나를 쏘아보았다.

2017년 중반부터 2018년 류구 도착 직전까지 1년 반 동안 거행된 RIO 훈련은 총 48회. 그 가운데 격추가 21회나 발생할 만큼 훈련은 혹독했다.

＊ ＊ ＊

RIO 훈련은 하야부사2 프로젝트 팀에게 많은 결실을 안겨주었다. 그중에서 첫 번째 터치다운의 성공과 연관된 훈련 에피소드 세 가지를 들어보겠다.

RIO 훈련을 절반쯤 소화한 2017년 말, 훈련 결과를 집계하니 하강 때 소모되는 연료가 예상보다 훨씬 많은 것으로 드러났다. 실전 못잖은 훈련을 통해 하야부사2의 진정한 성능을 파악했다. 이거 정말 큰일이구나 싶었다. 연료를 무한정 실을 수 없기에 이대로 가면 하강 횟수를 줄이는 수밖에 없었다. 탐사계획을 대폭 변경해야 할 판인데, 그건 도저히 내키지 않았다.

결국 우리가 찾아낸 해결책은 초기 하강 때 속도를 기존의 초당 1미터에서 초당 50센티미터로 줄이는 것이었다. 그렇게 하면 하강에 걸리는 시간은 2배가 되어 체력적으로 버겁지만 연료 걱정은 사라진다. 2018년 새해 벽두의 첫 RIO 훈련부터 이 결정 사항을 반영했다. 그때의 경험이 한참 뒤 첫 번째 터치다운에서 단단히 한몫하리란 것을 그 당시엔 미처 몰랐다.

두 번째 에피소드는 류구 도착을 3개월 앞둔 2018년 3월의 일이다. 프로젝트 팀은 LSS 훈련, RIO 훈련 그리고 실전인 류구 탐사 준비로 눈코 뜰 새 없이 바쁜 와중이었다. 연이은 훈련에 멤버들은 녹초가 됐다.

사이키는 "사람이 부족해요. 저는 플라이트 디렉터flight director를 관두고 손이 모자라는 시스템 담당 지원 파트에 들어가겠습니다. 플라이트 디렉터 제도를 없애는 게 어떤가요?"라고 했다. 다케이도 "쓰다 씨가 생각한 팀은 이상적이긴 한데 그 정도 인력으로는 무리입니다. 쓰다 씨도 현장 작업에 들어오시죠"라며 간곡히 요청했다. 다나카 사토시는 정반대 의견을 냈다. "아무리 바빠도 프로젝트 매니저가 현장 작업을 하는 건 아닌 것 같아요. 죽이 되든 밥이 되든 현장이 알아서 해야죠."

팀 분위기는 살벌했다. 나 역시 프로젝트 매니저 일보다 현장 작업을 하고 싶었지만 어쩔 수 없었다. 리더가 현장 작업을 하면 큰 위험을 잉

태한다. 돌발 상황이 발생했을 때 거시적인 전략을 세울 사람이 부재하는 상황을 초래하기 때문이다. 하야부사2는 언젠가 돌발 상황에 처한다. 다른 해결책이 필요했다.

여러 날 고민한 끝에 내가 제안한 것은 권한 이양이었다. 그 전까지 관제실 내에서 운용상 중요한 결정은 모두 프로젝트 매니저의 승인을 얻도록 되어 있었다. 그 최종 승인 권한을 플라이트 디렉터에게 넘겨주자는 생각이었다. 요컨대 관제실에서 권한이 가장 큰 사람을 플라이트 디렉터로 정하고, 프로젝트 매니저라도 관제실 안에선 플라이트 디렉터의 지시에 따르도록 할 것. 더 나아가 시스템을 담당하고 있는 신참에게도 플라이트 디렉트가 될 자격을 줄 것. 역발상이다. 그렇게 되면 플라이트 디렉터와 시스템 담당 사이의 장벽이 사라지고 업무 효율도 늘 것으로 봤다. 관제실 체제가 수평적으로 바뀌는 효과도 기대했다. 이미 숙련된 팀이 아니던가. 이들처럼 팀워크가 좋으면 관제실 안에서 이뤄지는 모든 것을 신뢰할 수 있을 터였다. 그러니 써봄 직한 방법이었다.

아니나 다를까, 이 변화로 운용 팀의 숨통은 트였다. 유일한 역효과가 있었다면 나의 정신 건강이 나빠졌다는 사실이다. 나는 점점 현장에서 멀어지게 되었다. 내가 직접 제안했으니 자업자득이다. 완전히 도우미 혹은 조연급 위치로 내려간 나는 기초기술 부류의 작업이 그리워져 "아~ 룽게-쿠타 적분Runge–Kutta method*이 하고 싶구나" "간혹 쿼터니언quaternion** 계산이 하고 싶어져"(모두 우주비행에 관한 대학생 레벨의 기초적인 기술)라며 투덜거리기에 이르렀다. 그런 나에게 사이키는 이양받은 권한을 휘두르며 관제실 안에서 "그럼, 해주세요"라고 했는데, 그럴 때면 나는 사이키에게 옐로카드를 꺼내드는 상상만 할 뿐이었다.

세 번째 에피소드는 2017년 8월 훈련 때의 일이다. 그날 탐사선이 하강을 시작한 후 탐사선에 깔아놓은 하강 프로그램에 허점이 있음이 드러났다. 하강 프로그램이란 하야부사2에게 소행성으로 하강하는 비행경로를 습득시키는 프로그램이다. 그것은 신의 팀도 예상하지 못한 진짜 실수였다. 그대로 두면 탐사선이 고도 5킬로미터 아래로 내려갔을 때 자동적으로 위험하다고 판단해 강제중지abort 해버린다. 하지만 RIO 훈련은 규정상 무슨 일이 있어도 시간을 멈추거나 되돌릴 수 없다. 그래서 탐사선 하강 도중 하강 프로그램을 변환하기로 했다. 마치 사다리를 타고 내려오면서 사다리 발판을 새로 붙이는 것과 같이 아슬아슬한 곡예다.

JAXA는 이 방법을 NEC에 타진했다. 보수적인 태도를 취하는 경향이 강한 NEC는 뜻밖에도 반대하지 않았다. 훈련이니까 대수로울 것이 없다고 여겼을지 모른다. NEC는 어떻게 하면 훈련을 방해하지 않으면서 하강 프로그램을 변환할 수 있는지 JAXA와 함께 고민해 주었다. 하지만 "실전에선 어림없습니다. 아시겠죠?"라며 경고를 날리는 일도 빼

---

* 일명 룽게-쿠타법으로 미분방정식의 수치적분법 중 하나. 행성 궤도를 계산할 때도 쓰인다.
** 사원수. x, y, z, w 4개 축으로 회전을 계산하거나 설명할 때 유용한 연산. 드론, 항공기 기술에 필수.

먹지 않았다.

결과적으로 우리는 훈련을 끝까지 완주했다. 그리고 그다음 단계에서 프로젝트 팀의 진면목이 나타났다. 훈련에서 기어코 해결한 것들은 다음번에도 똑같이 대처할 수 있게끔 기록으로 남기고, 반성할 점을 정리해 둔 것이다. 이것들은 첫 번째 터치다운 성공으로 이어지는 크나큰 디딤돌이 됐다.

소행성 도착

지구 스윙바이 이후에도 하야부사2는 순조롭게 비행을 이어갔다. 이온엔진은 세 가지 시기로 나눠 총 6,500시간 동안 분사했다. 크세논 연료는 24킬로그램 소모됐다. 42킬로그램 남아 있어서 여력은 충분했다. 2018년 6월 3일 14시 59분에 소행성행 항로 예정가속량인 시속 3,600킬로미터 분량을 정확히 분사하고 이온엔진 운전을 완료했다.

단 24킬로그램 분량의 연료로 그 정도 가속을 냈으니 이온엔진의 위력은 실로 대단하다. 하야부사2 팀이 운용 와중에도 LSS 훈련과 RIO 훈련에 집중할 수 있었던 배경에는 이온엔진의 안정된 작동이 있었다. 하야부사 1호기의 이온엔진은 자주 멈췄다. 엔진이 멈출 때마다 멤버들은 관제실에 모여 복구·궤도제어 재개 등을 되풀이했다. 이와 같은 예상치 못한 이온엔진 정지가 하야부사 1호기에선 전부 68차례나 발생했으나 하야부사2는 소행성행 여정 중 고작 4차례에 불과했다.

이온엔진 운전 종반인 2018년 2월 26일, 류구까지 130만 킬로미터를 남겨뒀을 때 광학항법 망원경 카메라 ONC-T로 류구를 처음 촬영했다. 18컷의 연속사진에는 별빛 반짝이는 하늘에 천천히 움직이는 한 점의 빛이 찍혀 있었다. 당시 ONC 팀은 관제실에 모여 있었다. 무수한 별들 속에 묻혀 있는 희미한 점일 뿐이었지만 ONC 주임연구원이자 도쿄대 교수인 스기타 세이지杉田精司는 호언장담했다. "예상한 대로 찍혔군. 틀림없이 류구입니다."

그것이 하야부사2가 우리에게 보여준 류구의 첫 모습이다. 최초의 빛이라는 의미로 퍼스트 라이트first light라고도 불린 이 운용의 성공은 우리를 뭉클하게 만들었다.

한번 생각해 보라. 수치만 믿고 눈을 가린 채 30억 킬로미터 거리를 하염없이 비행하다 어느 날 눈을 딱 떠보니 시야 한가운데로 류구가 딱 들어와 있는 장면을. 운동방정식이라는 이론의 세계와 행성 간 비행 및 천체역학이 빚어낸 현실의 물리 현상이 결실을 맺은 순간이었다. 내가 처음 하야부사2 궤도설계를 맡은 때가 2009년이다. 그로부터 9년 넘게 걸린 계산 문제의 풀이가 맞았음이 증명됐다. 초등학생 때 선생님한테 처음으로 '참 잘했어요' 도장을 받았을 때만큼 기뻤다.

이온엔진이 라스트 스퍼트를 내던 5월12～14일에는 별 추적기Star Tracker, STT라는 또 다른 카메라로 류구를 다시 촬영했다. 이온엔진 운전 완료 직후인 6월 5일엔 류구 밖 2,600킬로미터 거리에서 ONC-T로

이미지 14 **서서히 모습을 드러내는 류구.** ⓒJAXA, 도쿄대 등

재촬영이 이뤄졌다.

이제부터는 광학유도항법이 힘을 쓸 차례다. 광학유도항법에 대해선 제2장에서 이미 설명했다.

류구의 궤도는 500킬로미터가량의 부정확성(모호함)이 남아 있는 상태였다. 이 부정확성은 하야부사2 스스로가 류구에 접근하면서 해소해야 하고, 종래엔 고도 20킬로미터 홈 포지션home position*에 딱 도착해야 했다.

축구에 비유하자면, 광학유도항법 작업은 웅장한 패스 주고받기다. 우선 하야부사2가 찍은 화상이 해가 지기 전까지 일본과 해외의 천체관측 전문가들로 구성된 지상관측 팀에 패스된다. 지상관측 팀은 천체를 관측하는 요령으로 하야부사2에서 본 류구의 방향을 산출한다. 그 정

---

* 이동하는 기계가 정지하는 위치 혹은 상태.

보는 항법 팀으로 패스된다. 항법 팀은 나를 비롯해 후지쯔, NEC, 다케우치 등 각자가 만든 소프트웨어를 이용해 류구에 대한 하야부사2의 위치를 계산한다. 날짜가 바뀔 무렵엔 계산 결과를 서로 비교해 가며 어떤 답안을 채택할지 논의한다. 논의에서 도출한 결과는 유도 팀에게 패스된다. 유도 팀은 내가 만들고 신참 기쿠치 쇼타와 오키 유스케가 개발한 유도 계산 소프트웨어로 류구까지 최적의 비행경로를 계산한다. 이어서 동틀 무렵 이미 출근해 있는 자세·궤도 제어 시스템 담당이 비행경로를 패스받아 이른 아침에 시작되는 운용 시간에 맞춰 추력기 분사에 쓸 명령어열command line을 만들어 놓는다. 류구에 도착할 때까지 하루 이틀 사이클로 이 작업을 반복한다. 그리하여 하야부사2는 약 3주일에 걸쳐 서서히 속도를 낮추면서 조심조심 류구와 거리를 좁혔다.

류구가 촬영되는 족족 화상이 사가미하라 관제실 메인 스크린에 떴다. 우리는 마치 미지의 천체로 다가가는 우주선 조종석에 앉아 있는 듯했다. 인류가 처음 대면하는 천체가 눈앞에서 점점 커졌다. 그때까지 쌓였던 모든 피로를 한 방에 날려버리기에 충분한 광경이었다.

6월 7일, 류구까지 남은 거리는 2,100킬로미터. 접근 속도는 초속 2.5미터. 류구는 아직 조그마한 점이다. 류구 주위를 둘러싼 공간을 샅샅이 촬영했다. 아무래도 류구 주위를 도는 위성은 없는 듯했다. 소행성 주위로 위성이 돌고 있으면 과학적으로는 무척 흥미로운 현상이다. 반면 하야부사2가 위성의 존재를 알아차리지 못하고 다가갔다가 부딪히기라도 하면 큰일이다. 사이언스 팀의 분석 결과, 류구는 그럴 염려(혹은 흥미)는 없는 것으로 판단됐다.

6월 13일, 류구까지 거리 920킬로미터. 둥그렇게만 보이던 류구의 형체가 서서히 윤곽을 드러내기 시작했다. 모가 나 있는 듯했다. 류구는 네모난 천체인가?

6월 15일, 류구까지 650킬로미터. 어찌된 영문인지 류구는 세로 방향으로 자전하고 있다. 어디 보자, 형태는 다이아몬드? 형석螢石? 아니면, 비행석飛行石*인가?

6월 21일, 거리 76킬로미터. 접근 속도는 초속 40센티미터까지 떨어졌다. 거의 다 왔다. 드디어 류구의 형체가 또렷이 보였다. 전형적인 팽이 모양이잖아! 지형도 보이기 시작했다. 류구의 적도에는 커다란 충돌구가 있었다.

6월 24일, 거리 38킬로미터. 레이저 고도계를 켰지만 거리를 재지 못했다. 류구의 반사율은 상당히 낮은 듯했다.

6월 27일, 운용 팀과 사이언스 팀 멤버들이 대거 모였다. 9시 35분, 류구 지상으로부터 고도 20.7킬로미터. 마지막 추력기 감속분사. 류구 접근 동작이 멈췄다. 홈 포지션에 도착! 도플러 그래프가 속도 0을 가리킨 순간, 관제실에서 우레와 같은 박수가 터졌다.

궤도도 확실히 모르는 난적 천체에 계획대로 도착했다는 사실, 그리고 그것을 실현한 기술을 만들어 냈다는 사실에 상당한 성취감을 느꼈

---

* 비행석이란 중력을 거슬러 물체나 사람을 하늘 위로 띄운다는 가상의 돌. 애니메이션 〈천공의 성 라퓨타〉에서 여주인공이 목에 걸고 있는 푸른색 돌이 비행석이다.

다. 1999 JU3이라는 이름을 붙인 때부터 10년 가까이 머릿속으로만 열 렬히 그려온 소행성 류구를 마침내 만난 것이다.

메인 스크린에 비친 류구는 신비롭고, 웅장하고, 압도적이었다. 관제실 여기저기서 류구에 대한 감상평으로 대화의 꽃이 폈다. 하지만 아직 뭐라 판단을 내리긴 이르다. 저곳이 내일부터 우리들의 전쟁터다. 그런 생각이 들자 정신이 번쩍 들었다.

그날 하야부사2 미션은 소행성 근접 단계로 옮아갔다. 이튿날 열린 운용회의에서 프로젝트 멤버 전원은 류구 도착 상황을 공유한 후 커다란 원을 만들었다. 서로 어깨를 겯은 인간들의 원형띠가 우주연 대회의실을 꽉꽉 메웠다.

"소행성 근접 운용, 파이팅!"

앞으로 1년 반 동안 이어질 류구와 하야부사2 팀 간 격전의 방아쇠가 당겨졌다.

창비아동사

제5장

Hayabusa2,
an asteroid sample-return mission
operated by JAXA

착륙 앞으로

소행성 근접 운용
/전반전

류구라는 신세계

"이건 착륙하기 꽤 어려운 천체 같다. 지금까지 진행된 계획만 고집해선 안 될 거야."

류구 도착 당일 프로젝트 사이언티스트 와타나베 세이치로는 류구에 대한 느낌을 성급하게 표출했다. 나는 '아직 뭐라 판단을 내리긴 이르다'라고 생각했고, 훈련의 실적도 있는 터라 '어떻게든 되겠지'라며 마음 놓고 있었다. 하지만 LSS 훈련이라는 인간이 만든 인공적인 경험들 위에 쌓아 올린 자신감 따위는 태양계가 46억 년 걸쳐 만든 조형물 앞에선 힘을 잃었다. 나는 슬슬 불안해지기 시작했다.

와타나베의 움직임은 재빨랐다. 탐사선의 류구 도착 이틀 후 그는 첫 번째 착륙지점 선정을 위한 분석 회의를 소집했다. 그 후 1주일에 한 번씩 분과별 사이언스 팀들에게 류구에 대해 파악한 정보를 가져오게 했다.

류구의 형태를 가장 알기 쉽게 표현하는 단어는 주판알일 것이다. 소행성 전문가들은 학술적인 표현법에 따라 팽이형이라 부른다. 이런 생김새는 우리에게 낯익다. 소천체과학계에선 익히 알려진 생김새이기 때문이다. 소행성이 한 번이라도 고속자전을 겪으면 원심력과 중력의 균형작용으로 인해 팽이형이 되기 쉽다. 실제로 지구에서 레이더로 관측한 소행성 중엔 팽이형이 여럿 있다. 가령 미국 오시리스-렉스 미션의 목표 천체인 베누도 팽이형이다. 하지만 류구가 그런 종류일 거라곤 아무도 상상하지 못했다. 그러니 하야부사2가 도착했을 때 모두 깜짝 놀랐던 것이다. 결과적으로 류구는 인류가 방문한 첫 팽이형 소행성이 된 셈이다.

이제 류구 월드를 한번 둘러보자.

먼저 멀찌감치 떨어져서 전체를 조망하면, 적도의 지름이 1,004미터, 극방향 지름은 875미터다. 꼬마의 발에 밟힌 것마냥 류구 팽이는 약간 짜부라져 있다. 적도 상공에 머무는 하야부사2에서 바라보면 마름모꼴로 보인다. 흠잡을 데 없이 거의 완벽한 대칭이라서 자전하고 있어도 천체의 윤곽은 거의 흐트러지지 않는다. 하야부사2는 갈 수 없지만, 만약 북극 상공에서 천체를 내려다본다면 완벽하게 둥근 원으로 보일 것이다.

자전주기는 7시간 38분. 지구의 약 3배 속도로 하루가 지나간다. 밀러 모델이 머릿속에 박혀 있던 우리는 류구의 자전축이 공전궤도면에 거의 직립해 있으리라곤 예상하지 못했다. 공전 방향과 자전 방향이 정반대라는 점도 태양계 주요 행성들과 다른 특징이다.

적도로 내려가 보자. 주판알 가장 바깥쪽 원의 둘레에 해당하는 류구의 적도선을 따라서 한 바퀴 빙 둘러 능선이 이어져 있다. 그곳의 좁다란 산등성이 길을 달리면 아마 평균대 위를 걷는 느낌일 것이다. 산등성이 왼쪽을 쳐다봐도, 오른쪽을 둘러봐도 온통 깎아지른 바위벽뿐이기 때문이다. 그러나 바위벽 위에서 떨어지더라도 가벼운 부상조차 입지 않을 것이다. 중력이 지구의 8만분의 1이기 때문이다. 오히려 이 천체 위에서 폴짝 점프하면 시속 약 1킬로미터의 초고속으로 속절없이 류구의 중력권을 이탈해 버려 두 번 다시 되돌아오지 못할 것이다.

산등성이에서 내려다보는 광경은 장관이다. 머리 위로 올려다보면 별들이 반짝이는 대우주. 지구가 시야에 들어오는 것 빼곤 우리가 아는 밤하늘과 똑같은 광경이다. 발밑에는 석탄을 빼곡히 깔아놓은 듯 시커멓고 황량한 땅. 지평선 끝으로 류구의 북극과 남극이 훤히 보인다.

산등성이에서 능선에 직각으로 400미터가량 뛰어서 내려가면 금방 중위도 지대에 다다른다. 그곳이 류구의 골짜기다. 거꾸로 똑같은 거리만큼 뛰어서 올라가면 류구의 극지대에 닿는다.

다만 류구 위를 마구 뛰어 달리는 건 비현실적이다. 바윗덩어리투성이라 발 디딜 틈이 없기 때문이다. 20미터급 이상 되는 대형 바위뿐이지만, 놀랍게도 이토카와보다 2배 넘는 밀집도로 바위들이 산재해 있다. 바위 대부분은 거멓지만, 드문드문 하얗게 빛나는 돌덩이도 보인다. 지표면 온도는 햇빛이 닿으면 섭씨 100도 안팎이며 밤에는 0도 이하를 훨씬 밑돈다. 대기가 없는 천체가 그렇듯 일교차가 무척 심하다. 하지만 하야부사2의 내열성은 인간의 발바닥보다 뛰어나다. 섭씨 100도 이하라면 착륙하는 데 지장이 없으니 안심해도 된다.

큰 바위가 적도 지역에 비교적 적게 분포하고, 고위도로 갈수록 많아지는 점도 특이하다. 지구로 치면 하천 상류에 거석이 많고 하류엔 자갈이 많은 현상과 닮았다. 지금이야 적도가 산봉우리에 해당하지만 옛날엔 그곳이 골짜기였던 것일까. 자전 탓에 원심력이 가장 강하게 작용하는 곳이 적도다. 류구가 현재보다 더 빠르게 자전하면 원심력이 중력을 압도하게 된다. 그렇게 되면 적도의 능선 쪽으로 물체가 떨어져 내리기 시작한다. 옛날 한때 류구는 고속자전 했던 게 아닐까. 적도 부분이 툭 튀어나온 희한한 팽이꼴 생김새도 그렇고, 암석의 분포도 그렇고, 류구의 역사가 손에 잡히는 듯했다.

남극에는 길이 160미터나 되는 하얀 암반이 얼굴을 내밀고 있다. 주변의 흑색 톤과 대조되는 이색 풍경이다. 나중에 '오토히메 바위'라는 이름이 붙여진 이 거석의 표면은 자세히 들여다보니 지구의 지층과 유사한 구조였다. 흥미롭다.

공중으로 올라가 한 번 더 류구의 전경을 내려다보자. 압권인 요철지형凹凸地形을 구성하는 요소는 바위만이 아닌 것을 알 수 있다. 충돌구도 많다. 대강 관찰해도 지름 30미터가 넘는 대형 충돌구가 20개 이상 눈에 띈다. 나중에 우라시마 충돌구로 명명되는 류구 최대 충돌구가 적도 위에서 입을 쩍 벌리고 있다. 그 충돌구의 지름은 290미터나 된다. 틀림없이 류구 전체를 뒤흔든 초강력 운석충돌이 있었을 것이다. 류구가 한 차례 자전할 때마다 초대형 포문砲門이 하야부사2를 겨누는 것처럼 느껴진다. 왠지 으스스한 충돌구다.

"이거 예삿일이 아닌데."

도착 후 1주일 남짓 지나자 나 역시 그런 생각으로 바뀌었다. 애석하게도 도착 직후 와타나베가 말한 느낌이 맞아떨어졌다. 인간의 상상력 같은 건 대자연의 발꿈치에도 미치지 못한다. 애타는 그리움을 안고 멀고 먼 여행 길에 나섰건만 용궁 공주 오토히메 님은 눈꼽만큼의 다정함도 보여주지 않았다.

"착륙 가능한 영역은 하나도 없습니다"

류구 도착 후 2주 동안 류구의 정보가 차곡차곡 쌓였다. 하야부사2 팀이 그 정보들로 도출한 향후 탐사계획의 방향은 다음과 같다.

(1) 중력이 크지 않아 연료의 관점에선 계획한 대로 하강 횟수는 17회 실시 가능. 터치다운 3회, 로버 분리 3회, 인공 충돌구 생성 1회를

충분히 노려볼 만함.

(2) 자전축이 옆으로 누워 있지 않기 때문에 운용 순서에 큰 제약은 없다. 일정상 이상적인 순서($A{\to}B{\to}C{\to}D{\to}C{\to}D{\to}S{\to}E{\to}F$, 4장 참고) 채택 가능.

(3) 표면 온도가 예상대로였기 때문에 세 번째 터치다운을 2019년 5월 말까지 끝내야 한다. 그 이후엔 류구가 근일점近日点(궤도를 한 바퀴 돌 때 태양과 가장 가까워지는 위치)에 근접해 지표 온도는 섭씨 100도를 넘을 것으로 예상됨.

(4) 지형은 지역 편차가 미미하며, 모두 험악하다. 안전한 착륙지점은 안 보인다. 더욱 자세한 관측과 해석이 필요함.

운용 팀의 전투도 시작됐다. 아이즈대학 히라타 나루平田成, 고베대학 히라타 마사유키平田真之, NEC 등이 이끄는 3개 팀이 고작 2주 만에 하야부사2가 촬영한 류구 화상으로 3차원 형상모델을 완성했다. 이토록 경이로운 속도를 낳은 협업은 LSS 훈련이 준 선물이다.

형상모델과 원화상으로 안표眼標 역할을 할 특색 있는 지형을 DB화했다. 중력장의 분포도 계산했다. 이것들은 하야부사2 하강운용 때 쓰일 중요한 기초 정보가 된다.

이렇게 하강운용에 필요한 항법 DB가 완성되었음에도 연달아 세 차례의 성능 테스트가 뒤따랐다. 2018년 7월 17~25일 9일 동안 실시된 BOX-C1 운용이라는 하강운용에서 하야부사2는 처음으로 고도

20킬로미터 홈 포지션을 벗어나 고도 6킬로미터까지 내려갔다. 7월 31일~8월 2일에 실시된 중고도 하강운용에선 정밀 유도방식인 GCP-NAV가 처음으로 실전 투입돼 탐사선은 고도 5킬로미터까지 도달했다. 또 8월 5~10일에는 중력 계측 하강운용을 실시했다. 이 운용에선 고도 5킬로미터까지 정밀유도로 하강한 후 류구의 중력만으로 자유낙하, 7일에 고도 851미터에 도달하여 다시 상승, 홈 포지션으로 되돌아왔다. 탐사선을 저고도로 자유낙하시킴으로써 류구의 정확한 중력장 정보를 얻을 수 있었다. 더구나 하야부사 1호기 시대부터 우리가 정성 들여 개발한 소행성 하강의 핵심 기술 GCP-NAV에 자신감을 얻었다.

한편, 저고도에서 바라본 류구의 지형은 정말이지 매정했다. 세 차례 하강으로 류구 전역에 대한 해상도 10~50센티미터의 지형 데이터를 얻었다. 이 해상도로 들여다봐도 평지는 안 보였다. "쇠수세미로 박박 문지르고 싶네." 머릿속에 떠오르는 대로 내뱉는 사이키의 거친 입버릇은 프로젝트 멤버 전원의 기분을 대변했다.

하지만 우두커니 서 있기만 해선 안 된다. 착륙지점 선정LSS 작업은 훈련에서 해본 순서에 따라 맹렬한 스피드로 착착 진행됐다. 하야부사2의 관측 데이터는 지상으로 송신되자마자 세계 곳곳에 흩어져 있는 하야부사2 사이언스 팀 멤버들에게 배달됐다. 날짜 단위, 상황에 따라선 시간 단위로 짜맞춘 스케줄에 따라 데이터의 해석 결과물이 우주연에 있는 하야부사2 프로젝트 네트워크에 차곡차곡 쌓였다. 류구의 지도, 온도 분포, 바윗덩어리 분포, 성분 분포, 중력장 데이터 등이 완성됐다.

류구의 어느 곳을 살펴봐도 물이 안 보이는 게 마음에 걸렸다. 근적외 분광계NIRS3의 주임 과학자인 기타자와 고헤이北里宏平 아이즈대학 교수는 초조했다. 물이 존재한다면 근적외 분광계의 2.7미크론 파장에 흡수되는 게 보일 테지만 미미한 반응뿐이라 노이즈noise와 구분되지 않았다. "물을 못 찾으면 하야부사2는 어떻게 해야 하지?" 이 시기에 기타자와는 관제실 앞에서 자주 초조한 표정을 드러냈다.

"이거야말로 발견이다." "물이 없는 현실에서 어떤 사이언스 스토리를 구축할 것인가. 이거야말로 어떤 인류도 생각해 보지 못한 것이니 발견이 아니고 뭔가." 과학의 노하우를 익히 알고 있는 노련한 와타나베 세이치로와 스기타 세이지는 그런 식으로 달래주었지만 목표를 좇아 오로지 진리만 추구하는 기타자와가 "그래, 맞아!"라며 무릎을 쳤다는 소리는 못 들어봤다.

아무튼 그러모은 류구의 물리·화학 정보를 바탕으로 하야부사2 팀은 탐사선 착륙 후보지점을, JAXA의 미네르바II 팀은 로버 착륙 후보지점을, 독일 및 프랑스 팀은 마스코트 착륙 후보지점을 압축하는 작업에 돌입했다.

하야부사2 착륙지점 선정은 난항이었다. 당초 머릿속으로 그렸던 가로세로 사방 100미터 크기의 안전 구역은 하나도 안 보였기 때문이다. 착륙지점 분석 담당자는 기쿠치 쇼타였다. 그는 모든 관점에서 류구의 지형을 분석하고, 공학 팀에게 검토 자료를 건넸다.

"LSS 훈련에서 했던 방식대로 분석해 보니 착륙 가능한 지점은 한 곳도 없습니다." 기쿠치는 한숨을 푹푹 내쉬며 보고했다.

"LSS 훈련에서 했던 방식이 쓸모없는 건 분명하다. 하야부사2에게 안전한 장소를 찾는 건 포기하자. 하지만 류구에서 가장 안전한 장소를 찾는 건 가능할 것이다." 팀에게 그런 방침을 전달하는 것 외에 내가 달리 할 수 있는 건 없었다. 류구에서 가장 안전한 장소가 하야부사2에게 충분히 안전한 장소는 아니라는 게 큰 문제였지만, 그 간극을 메우는 방법은 앞으로 열심히 찾는 수밖에 없었다.

논의 끝에 착륙 후보지점으로 15곳이 꼽혔다. 15곳이나 골랐다는 건 그만큼 자신이 없었다는 방증이다. 15곳 모두 평탄 지형은 아니지만 나쁜 것들 중에서 가장 덜 나쁜 구역을 추려낸 꼴이었다.

사이키가 이끈 근접단계 계획회의(통칭 P3T회의)와 와타나베가 이끈 착륙지점선정 해석회의(통칭 LSSAA회의)가 착륙지점 선정 작업을 주도했다. 전자는 공학적 입장, 후자는 물리학적 입장에서 착륙지점을 탐색했다. 거기에 더해 NEC와 JAXA가 함께 참여한 미션운용 검토회의에서 탐사선 운용 기술의 관점에서 논의와 조정이 이뤄졌다. 실제로는 류구의 상황이 매우 좋지 않아 많은 멤버들이 3개 회의를 왔다 갔다 했다. 벽을 걷어내지 않으면 답이 보이지 않는 법이다. 모두가 지닌 초조함이 자연스레 팀 간 벽을 허물고 소통을 원활하게 만들었다.

와타나베는 모든 사이언스 논의를 이끌었다. 항상 논의의 중심에 있었지만 결코 앞에 나서지 않았다. 서너 개 안팎인 사이언스 분과회의

의 책임자는 각 분과 과학의 전문가가 맡았다. 착륙 후보지점 과학평가 보고서를 작성한 이는 히로시마대학의 야부타 히카루薮田ひかる였다. 8월 중순에 완성된 그 평가 보고서에는 터치다운 후보지점 15곳의 과학적 비교평가가 제시돼 있었다. 지역적 차별성이 거의 없는 류구의 특성을 반영해 우선순위를 매기긴 했지만, 어느 후보지점이든 충분히 가치가 있다는 내용이었다. 물의 존재에 대해 지역적 편차가 있었다면 분명 착륙지점 선정에 영향을 주었겠지만 물은 없었다. 불행 중 다행이었다. 그렇다면 가장 안전하다고 여겨지는 곳을 고르는 일에만 주력하면 된다.

공학 팀의 안전평가를 거쳐 큰 바윗덩이가 비교적 적은 구역으로 L08 구역이 제1후보로, 'M04' 'L07' 구역이 백업backup(예비) 구역으로 선정됐다. 바윗덩이 개수가 적다곤 해도 위험한 바윗덩이가 수십 개 박힌 구역들이다.

착륙지점 선정회의

2018년 8월 17일, 우주연 맞은편에 위치한 사가미하라 시립박물관에서 착륙지점 선정회의(통칭 LSS 회의)가 열렸다. 안전한 착륙지점을 발견하지 못한 상황이니 회의를 연기하는게 낫지 않겠느냐는 의견도 있었지만, 계속 전진하기 위해선 맞건 틀리건 회의는 진행해야 했다. 일본 내 프로젝트 멤버를 포함해 독일, 프랑스, 미국 등지에서 총 100명 이상 참석했다.

각 사이언스 부속 팀별로 분석 결과를 내놓았다. 단 50일 만에 해낸 과학분석치곤 나무랄 데가 없었다. 그리고 하야부사2 팀, 마스코트 팀, 미네르바II 팀도 저마다 착륙지점 선정 및 해석의 결과를 보고했다.

그런데 아니나 다를까 이 대목에서 사태가 꼬이기 시작했다. 안전한 착륙지점을 한 곳도 발견하지 못했으니 당연한 귀결이었다. 착륙 리스크를 두고 매우 따갑고 빈틈없는 질문이 튀어나왔다.

"안전한 장소를 찾지 못한 이상, 류구 분석에 시간을 더 들여야 한다. 류구 이탈까지 아직 1년 이상 남았다. 찬찬히 시간을 써야 한다."

"당신들은 바위를 험준하다고 판단해 바위가 없는 곳을 찾고 있다. 보아하니 편평하고 큼직한 바위도 있는 것 같다. 차라리 착륙할 수 있는 바위를 찾지 그러나?"

갖가지 의견이 나왔지만 다 고만고만했다. 신중하게 진행해야 한다는 데엔 누구도 이의를 제기하지 않았다. 하지만 뒷짐 지고 있을 수만은 없었다.

프로젝트 팀은 착륙지점 선정회의에 임할 때 복안을 갖고 있었다. 답은 알지 못한 상태였지만 말이다. 하지만 계속 전진하려면 먼저 하야부사2의 실력을 알아야 한다는 게 중론이었다. 설계상 하야부사2의 착륙 정밀도가 50미터라는 건 분명했다. 하지만 공업제품의 스펙이란 만든 사람이 쓸 사람에게 보증하는 성능이라 보수적인 수치로 채워지기 마련이다. 실제 능력은 스펙보다 더 클 것이다. 그 점을 빈틈없이 파악해 사양이 아니라 실력을 토대로 착륙 방법을 재구축하는 길 외에는 없다. 나는 그 회의에서 프로젝트 팀을 대표해서 이렇게 제안했다.

"하야부사2의 실력을 파악하기 위해 한 장소를 정한 후 그곳으로 하강운용을 반복하려 합니다. 그 장소는 L08으로 하면 어떨까요?"

하지만 이 제안도 즉각 받아들여지지 않았다. 해가 저물어도 의견은 좁혀지지 않았고, 사가미하라 시립박물관 폐장 시간이 다가와 회의를 끝내야 했다. 부랴부랴 우주연 회의실을 확보해 연장전에 돌입했다.

"하강 목표지점을 정하지 못하면 아무런 진전이 없을거야. 류구 지형은 다 똑같으니까 L08으로 정해도 괜찮지 않을까."

"탐사선 본체가 터치다운 하기 전에 미네르바II와 마스코트가 착륙합니다. 그 둘의 데이터도 효율적으로 활용해 보죠."

"터치다운을 위한 탐사선의 실력 파악과 성능 개선은 전략적이어야 한다. 모든 하강운용을 활용해 보자."

모두 같은 방향으로 나아가기 시작했다. 나는 논의를 진척시키면서 결론에 해당하는 문장을 정리해 나갔고, 회의실 스크린에 그것을 띄웠다. 최종 결정 사항은 다음과 같다(이미지 15).

1   하야부사2의 터치다운 지점은 제1후보로 L08, 제2후보로 L07 및 M04로 한다.

2   미네르바II-1의 착륙 목표지점은 N6 지점으로 한다.

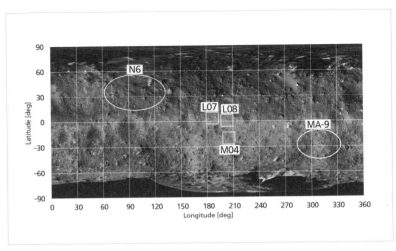

L08 하야부사2 터치다운 목표지점
L07, M04 하야부사2 터치다운 목표지점의 백업
N6 미네르바II-1 착륙 목표지점
MA-9 마스코트 착륙 목표지점

이미지 15 **LSS 회의의 결론.** ©JAXA, 도쿄대 등

3 　마스코트의 착륙 목표지점은 MA-9 지점으로 한다.

4 　하야부사2의 터치다운 실현에는 높은 정밀도가 필수. 이를 위해 프로젝트 팀은 필요한 각종 수단을 강구한다. (이하 각종 수단의 구체적인 내용 기술이 이어짐)

나는 결론 부분을 소리 내어 읽었다. 다양한 의견들이 분출됐지만 그 순간엔 반론 한마디 없이 회의실은 조용해졌다. 불안해진 나는 "Are we sure?(정말 이렇게 하면 되겠습니까?)"이라며 다시금 확인했다. 그 말이 떨어지기 무섭게 귀청이 떨어질 듯 큰 박수 소리가 터져 나왔다. "Yes!" "좋습니다!" 참석자 만장일치였다. 이때만큼 해외 멤버들과 결속감을 강하게 느낀 적은 그 전에도 그 이후로도 없다. 온몸에 전율이 짜르르 흘렀다.

그날 밤, 회의 참석자 모두 줄지어 야외 맥줏집으로 향했다. 논전을 펼쳤던 사람들은 너 나 할 것 없이 서로 건투를 빌었다. NASA에서 온 한 참석자는 "Wise, logical and proactive decision! (현명하고 논리적이며 진취적인 결정이었습니다)"이라고 말했다. 오시리스-렉스의 주임 과학자PI 단테 로레타는 "좋은 논의였어요. 하지만 진짜 힘든 일은 지금부터예요. 같은 표본회수 미션 동료로서 행운을 빌어요"라며 격려해주었다. 탐사선이 류구에 도착한 후 그때까지 팀 내부 공기가 팽팽했었는데 잠시나마 해방감을 맛본 순간이었다.

* * *

그로부터 며칠 후, 마스코트 팀의 프로젝트 매니저인 트라미 호가 나에게 다가와 단둘이 할 얘기가 있다고 말했다. 여느 때와 다름없이 진지한 표정이었다.

"마스코트 착륙지점이 MA-9으로 결정된 건 다행입니다. 하지만 지형이 울퉁불퉁해서 아주 걱정스럽습니다. 마스코트는 호핑hopping 할 수 있지만 혹시라도 바위와 바위 사이에 끼어버리면 옴짝달싹 못 하게 됩니다."

"그런 걱정은 이해합니다." 나는 고개를 끄덕였다.

"마스코트 팀 안에서도 MA-9 착륙 리스크를 한 번 더 면밀히 분석하 겠습니다. 쓰다 씨에게 묻고 싶은 건 만약 우리 팀이 MA-9 착륙이 불가 능하다고 결론 내리면 어떻게 할 것이냐는 것입니다. 착륙지점 선정회 의의 결론이 아주 엄중하다는 건 잘 압니다. 그래도 MA-9 지형으로는 결코 성공을 장담할 수 없습니다."

류구의 지형은 마스코트에게도 가장 어려운 숙제였다. 그러니까 트 라미도 프로젝트 매니저로서 벼랑 끝까지 와서 결단을 내린 셈이었다. 트라미의 불안이 아프게 와닿았다. 하지만 안이한 타협은 미션 전체를 파탄으로 내몬다. 내 마음속에서 머뭇거림이 꿈틀거렸다. 하지만 이내 마음을 다잡았다. 하야부사2 전체의 리스크를 이해하고 있는 트라미는 최종 결단을 내려야 할 때의 기본 자세를 나에게 확인시켜 주었다. 나는 대답했다.

"트라미, 당신은 마스코트의 프로젝트 매니저입니다. 프로젝트 매니 저는 언제라도 팀의 성공을 위해 결단할 수 있어야 합니다. 나는 언제든 마스코트에 대한 당신의 결단을 존중할 겁니다. 마스코트의 성공이 곧 하사부사2의 성공입니다."

우리는 쌍방의 동의가 없는 한 마스코트를 분리하지 않기로 다짐했 다. 또한 마스코트 운용을 성공시키기 위해 마지막까지 서로 협력하기 로 약속했다.

착륙지점 선정회의 참석자들은 고국으로 되돌아갔다. 사이언스 멤 버는 L08, MA-9, N6 구역을 세밀하게 분석하기 시작했다. 운용 멤버는

L08을 목표지점으로 정하고 다가올 하강운용을 준비했다. 바야흐로 류구 탐사의 제2막이 올라가고 있었다.

방침 대전환, 타깃 마커를 떨어뜨리자

2018년 9월 11일, 착륙지점 선정회의의 결과에 따라 L08 지점 하강 리허설(운용 코드 TD1-R1)이 실시됐다. 이 운용의 목적은 L08 지점 상공 고도 23미터까지 하강해 ① 터치다운 시퀀스의 운용성 확인, ② 저고도에서만 쓸 수 있는 레이저 고도계 LRF의 작동 여부와 기능 확인, ③ L08 지점 관측 등이었다.

14시 27분, 게이트 1 판단 결과는 하강 준비 이상 없음. 운용 팀은 중요한 판단 포인트를 게이트gate라 불렀다. 관문이라 할 게이트에서 모든 점검 항목을 클리어clear 하지 않으면 다음 단계로 넘어가지 못하도록 해두었다. 시작부터 종료까지 모든 하강운용의 게이트는 6개로 설정됐다.

15시 27분, 고도 20킬로미터 홈 포지션에서 초속 40센티미터 속도로 하강 개시. 탐사선은 소행성과 지구를 잇는 가상의 직선을 타고 가뿐히 내려갔다.

이튿날 2시 5분, 고도 5킬로미터의 게이트 2를 통과. 하강 속도는 초속 10센티미터로 줄었다. 여기까진 순조로웠다.

그때까지 최저 고도 기록은 중력 계측 하강운용 때 기록한 851미터다. 그보다 낮은 고도는 하야부사2가 가보지 않은 길이었다. 관제실의 긴장감은 최고조에 달했다.

12시 57분, 한 점 한 점 어김없이 모니터에 찍히던 레이저 고도계LIDAR의 고도 수치가 돌연 찍혀야 할 곳에 표시되지 않았다. 그 순간 관제실은 이상이 생겼음을 직감했다. 자세히 보니 고도 수치가 영 터무니없었다.

플라이트 디렉터 사이키가 즉각 "안전 확인해! 도플러는?"이라고 소리쳤다.

"상승을 가리키고 있습니다." 시스템 담당SYS으로부터 곧장 응답이 왔다.

"이건 강제중지다. 탐사선은 상승 중이라 안전합니다. 우선 각 담당자는 상황을 파악하시기 바랍니다." 사이키가 관제실에 지시를 내렸다.

뒤이은 긴급대응은 질서 정연하게 이뤄졌다. 이런 상황은 훈련 때 이미 경험한 바 있다. 관제실에 모였던 40여 명은 담담하게 강제중지 때의 매뉴얼대로 행동하며 하야부사2를 홈 포지션으로 돌려보내기 시작했다.

자세·궤도 제어 시스템AOCS 수장 데라이는 자신이 책임져야 한다고 느꼈다. AOCS가 담당한 기계인 LIDAR가 문제를 일으킨 게 틀림없었다. 그는 관제실에서 할 일을 마무리 짓고 LIDAR의 장치 개발을 맡았던 우주연 소속 미즈노 다케히데水野貴秀의 연구실로 뛰어갔다. LIDAR의 엔지니어링 모델(지상시험 모델)이 그곳에 있었기 때문이다.

데라이와 미즈노는 지체 없이 재현 실험에 착수했다. LIDAR 사이언스 팀이자 국립천문대 소속 나미키 노리유키並木則行, 지바공업대학의 센슈 히로키千秋博紀 등도 거들었다. 얼마 안 지나 원인이 지목됐다. 무슨 까닭인지 류구의 반사율이 예상 밖으로 낮아서(까매서) 가본 적 없는 고도 600미터에 이르렀을 때 LIDAR가 어둠 속의 류구를 계속 쫓지 못하고 다른 곳으로 눈을 돌려버린 것이다. 강제중지가 발생한 당일 저녁 무렵에 원인을 찾아냈으니 초특급 나이스 플레이였다.

그쯤 되자 강제중지까지 이르게 된 시나리오는 손쉽게 해석됐다. LIDAR의 고도 수치가 불안정해지면 탐사선은 '이런 고도 변화는 있을 수 없어. 나한테 이상이 생겼군' 하고 판단하고, 상승하기 위해 자동적으로 추력기를 가동하고 이후엔 계획된 모든 동작을 중단한다. 이번 강제중지의 전모는 그것이었다.

프로젝트는 덜컥 넘어져 제대로 코가 깨졌다. 터치다운으로 가는 첫걸음에서 LRF의 확인작업은커녕 고작 600미터까지밖에 못 내려갔기 때문이다. 소기의 목적을 달성하지 못한 이상 리허설을 한 번 더 하는 수밖에 없었다. 리허설이 끝나면 미네르바II-1, 마스코트의 운용이 실시될 예정이었다. 그렇게 되면 원래 10월 말로 예정된 터치다운은 스케줄상 연내에 실시하기란 불가능하다.

팀은 다시 진득하게 작전을 짤 수 있는 유일한 시기는 운용에 다소 여유가 생기는 연말연시라고 판단했다. 하지만 이런 상태라면 아무런 호재도 갖지 못한 채 빈손으로 해를 넘길 판이었다. 터치다운을 이듬해로 미루더라도 현 상태에선 류구 지형이 얼마나 험준한지 미처 파악하지 못했고, 험준함을 공략할 대응법 마련도 제자리걸음이었다. 더구나 이날 발생한 강제중지의 대책도 마련해야 했다. 이대로 간다고 가정했을 때 탐사선이 착륙에 성공할 가망성은 거의 없었다. 우리는 이러지도 저러지도 못하는 처지가 됐다.

'결국 그것을 제안하는 수밖에 없겠군.' 나는 그때까지 팀이 검토해온 류구의 험준함에 대한 대응 방안이 줄줄이 킬당하는 것을 지켜보면서 어떤 작전 하나를 생각하기에 이르렀다.

강제중지가 있던 날 저녁, 프로젝트의 주요 멤버들이 모여 긴급 대책 회의를 열었다. 하나같이 피로한 기색이 역력했다. TD1-R1(첫 번째 터치다운 리허설) 운용 경위를 복습하고, 원인 규명의 결과가 보고됐다. 그리고 앞으로 어떻게 할 것인가로 의제가 옮아갔다.

"다음 리허설은 이번 운용의 복수전입니다. 문제는 그다음입니다. 사고실험입니다만, 다다음 번 하강 때 타깃 마커를 떨어뜨리면 어떨까요?" 나는 그렇게 제안했다.

예정대로라면 타깃 마커는 실전 터치다운 운용 때 탐사선이 땅에 닿기 직전에 땅 위로 떨어진다. 이때 탐사선은 떨어지고 있는 타깃 마커를 쫓아가며 땅과의 상대속도를 0으로 맞춰 착륙을 시도한다. 원래 타깃 마커는 그런 용도다.

내 제안은 통상적인 방식을 과감히 버리고 핀포인트 터치다운 방식으로 핸들을 틀자는 소리였다. 이 방식은 류구 위에 떨어뜨려 놓은 타깃 마커를 안표眼標로 삼아 타깃 마커와 가까운 특정한 위치에 정확하게 착륙하는 방식이다. 통상적인 터치다운 방식과 다른 점은 타깃 마커를 떨어뜨리는 일과 탐사선이 착륙하는 일을 완전히 분리한다는 점이다. 이 방식은 난이도가 높고, 실험적인 요소가 많다. 그래서 통상적인 터치다운 방식을 성공시킨 후라야 실전에 투입할 수 있는 기술이라 여겨졌다.

무턱대고 어려운 일에 도전해서 두 토끼 잡으려다 한 토끼도 못 잡는 꼴이 되진 않을까. 류구의 환경이 나쁜 마당에 기술적으로도 난이도 높은 쪽을 선택하는 게 과연 묘책일까. 하지만 옴짝달싹 못 하는 상황을 타개하려면 게임의 룰을 바꾸는 수밖에 없지 않은가. 그런 고민 끝에 나온 방안이었다.

이 방안이 가진 또 하나의 어마어마한 측면은 인공 충돌구 터치다운도 노리겠다는 의도가 내포돼 있다는 사실이다. 왜냐하면 핀포인트 터치다운은 원래 인공 충돌구 착륙을 위해 준비해 둔 기법인데, 선행학습 삼아 그것을 먼저 실시하면 다음 착륙이 수월해지기 때문이다. 첫 번째 터치다운도 여의치 않은 상황에서 터치다운을 여러 차례 실시하는 건 무리가 아니냐는 게 대체적인 분위기여서 나의 작전이 한 방으로 역전하기라는 점을 팀 멤버들도 감지했다.

그렇기는 해도 '쓰다가 그렇다고 하면, 그렇게 해보자'라며 잠잠해

미네르바II-1A가 류구 지표면에서 촬영한 화상.

마스코트가 하강 중에 고도 25미터에서 촬영한 류구. 오른쪽 윗부분 검은 점은 마스코트의 그림자.

이미지 16   **지표면 탐사 로봇이 촬영한 소행성의 표면.** ⓒJAXA(왼쪽), ⓒMASCOT, DLR, JAXA(오른쪽)

지는 게 이 팀의 장점이다. 내 제안을 포함해 다양한 사례 연구가 지체 없이 검토됐다. 내 제안과 똑같은 방안을 머릿속에 두고 있던 사람도 몇 명 있는 듯했다. 하지만 종래의 계획을 크게 벗어나는 거라 입 밖으로 꺼내지 못했다. 그러던 차에 이번 일을 계기로 내가 그들의 손을 잡아 준 모양새가 됐다. 내가 받은 인상은 그랬다. 검토 결과, 연내에 타깃 마커를 투하하고, 그 결과물의 평가를 토대로 다음 작전을 짜기로 했다.

지금 시점에서 돌이켜 보면, 하야부사2의 류구 탐사를 성공으로 이 끈 가장 큰 터닝 포인트가 그 회의였다. 탐사선의 류구 도착 때 열린 기 자회견에서 나는 "지금까지는 신중히 진행해 왔습니다. 이제부터 맞설 상대는 류구입니다. 담대하게 도전할 작정입니다"라고 선언한 적이 있 었는데, 그 담대한 도전을 행동으로 옮긴 건 다름 아닌 그때였다.

두 로봇은 씩씩하게 사진을 전송했다

터치다운 실현을 위한 방안이 검토되는 동안, 하강운용도 착착 진행됐다.

2018년 9월 19~21일, 미네르바II-1을 분리하는 운용이 실시됐다. 하강운용은 순풍에 돛 단 배였다. 마의 구간이었던 600미터도 어려움 없이 통과. 9월 21일 13시 05분에 고도 55미터에 도달해 미네르바II-1A와 II-1B 두 로봇을 탐사선에서 분리했다.

하야부사 1호기의 미네르바는 분리 타이밍을 잘못 잡는 바람에, 자체에 이상은 없었으나 결국 이토카와에 착륙하지 못한 채 영원히 우주공간을 떠돌게 됐다. 1호기 때와 마찬가지로 이번 미네르바II-1 개발은 요시미쓰 데쓰오가 맡았다. 그에겐 10년 만의 설욕전이었다.

그는 미네르바 분리운용 전에 열린 기자회견에서 심정이 어떠냐는 질문에 "내가 아무리 마음을 다잡아 봤자 소용없습니다. 미네르바는 자율적으로 움직이니까요"라며 퉁명스럽게 답했다. 기술적으로 지극히 정확한 표현이라 우리는 그저 웃어넘겼지만, 기자들은 머쓱했을 것이다. 그는 남에게 아부 떨지 않는 기술장인 기질이 강한 사내다. 탐사선 운용 팀 역시 그의 경력을 잘 안다. 이번에는 기필코 미네르바라는 이름을 단 로봇을 소행성 표면까지 보내고 말겠다는 게 그의 마음가짐이었다.

두 로봇은 탐사선에서 분리된 후 씩씩하게 시그널을 보냈다. 깡충깡

충 호핑하며 지표 온도를 재고, 사진을 찍어 하야부사2로 전송했다. 촬영된 화상은 박진감 넘쳤다. 착지 상태에서 찍어 미세한 지표 상황을 알려주는 화상, 튀어 오르며 상공에서 소행성을 촬영한 화상, 개중에는 하야부사2 모선이 찍은 화상도 있었다(이미지 16).

운용이 일단락됐을 때 요시미쓰의 음성이 관제실에 울렸다. "미네르바II-1 두 녀석 모두 씩씩하게 활동하고 있습니다. 이렇게 꿈을 이루게 해줘서 정말 고맙습니다." 만감이 뒤섞인 감사 인사였다. 무뚝뚝하기로 소문난 요시미쓰가 그렇게 기뻐하다니. 운용 팀은 흡족했다.

미네르바II-1A는 이부hibou(부엉이의 프랑스어), 미네르바II-1B는 아울owl(올빼미의 영어)이라는 애칭이 붙었다. 두 미네르바는 우리나 하야부사2의 지시가 없어도 자율적으로 이동탐사를 계속하도록 설계됐다. 이부는 1개월, 아울은 10개월 동안 소행성에서 활동했다.

* * *

미네르바II-1의 성공으로 마스코트 운용 준비에 탄력이 붙었다. 9월 말에 마스코트의 프로젝트 매니저 트라미가 사인한 분리동의서가 도착했다. 트라미의 불안을 말끔히 씻어주려 갖가지 분석작업을 하던 중이었는데, 마침내 마스코트 팀이 MA-9 구역 착륙에 대해 OK 의견을 보내준 것이다.

마음에 걸린 것은 날씨였다. 당시 일본 열도는 태풍의 계절이었다. 우주 쪽이 만반의 준비를 갖췄더라도 지상우주국을 이용하지 못하면 크리티컬 운용은 불가능하다. 그즈음 일본에 접근한 24호 태풍의 이름이 공교롭게도 트라미TRAMI였다.

"트라미, 분리에 동의해 줘 고맙습니다. 하지만 당신의 이름과 같은 태풍이 오고 있어요. 마스코트 운용을 하고 싶다면 트라미를 물리쳐 주지 않으시렵니까?"

그런 농담을 건네긴 했지만 운용 팀은 태풍을 피하기 위해 하야부사2의 하강 준비작업을 앞당겨 보기도 하고 재구성하기도 했다. 살얼음판 위를 걷는 심정이었다.

마스코트 운용은 하야부사2의 모든 운용을 통틀어 체제상 가장 범위가 넓다. 하야부사2는 사가미하라 우주관제센터에서 운용하지만, 마스코트는 독일 쾰른에 있는 관제센터에서 운용한다. 쾰른 관제센터 인력은 50명이라고 하니 탐사선 운용 인력에 비하면 대식구다. 또 탐사선과의 통신을 관리하는 지상국은 일본 우스다 지상국, NASA 심우주네트워크DSN, ESA 심우주추적국 등의 안테나가 동원된다.

10월 2일, 하강 개시. 이튿날 9시 50분, 게이트 3 판단 지점인 고도 500미터에 도달했다. 마스코트 분리 여부에 최종적으로 Go/No Go 판단을 내려야 하는 위치다. 쾰른 관제실은 마스코트를 체크하고 이상 없음을 확인해 주었다. 트라미의 Go 판단이 사가미하라 관제실 플라이트 디렉터 사이키에게 전달됐다. 사이키는 마스코트 분리 판단을 내렸다. 나는 "지금까지 여정을 함께해 준 것에, 그리고 마스코트 팀과 하야부사2 팀의 우정에 감사드립니다. Good luck, MASCOT(마스코트에게 행운을)!"라고 말한 후 판단을 승인했다.

10시 57분, 고도 51미터에서 마스코트는 분리됐다. 발사 직전에 가장 큰 우려를 줬던 통신에도 아무런 문제가 없었다. 하야부사2는 마스코트가 보낸 안정적인 시그널을 수신했다. 하야부사2는 고도 3킬로미터까지 상승하고, 그 위치에서 고정 자세를 취했다. 마스코트는 미네르바II와 달리 태양전지를 갖고 있지 않다. 모든 동작은 내장된 전지로 가동된다. 전지의 수명은 16시간으로 추산됐다. 전지의 수명에 ±α를 약간 적용한 24시간 동안 고도가 낮은 상공에서 확실하고 꾸준하게 마스코트와 통신을 주고받겠다는 작전이었다.

마스코트는 지표에 닿을 때 위아래가 뒤집혔다. 마스코트 팀은 마스코트의 모습을 파악해야 한다며 하야부사2의 통신 속도를 올려달라고 요청했다. 이때 NASA 심우주네트워크는 마스코트 운용의 중요성을 고려해 부탁도 안 했는데 최고 성능을 자랑하는 지름 70미터의 안테나로 하야부사2를 추적해 주었다. 그 덕분에 하야부사2 운용 팀은 여유롭게 통신 속도를 최대한 끌어올릴 수 있었다.

뒤집힌 상태를 확인한 퀼른의 관제 팀은 즉시 뜀뛰기hop 명령을 송신했다. 그 명령으로 마스코트 내부의 임펠러impeller가 회전했다. 그 반동으로 마스코트는 폴짝 뛰어 자세를 고쳐 잡았다. 그리고 기특하게도 올바른 자세로 관측을 시작했다. 그 후 수차례 뜀뛰기로 장소를 옮겨가며 관측을 이어갔다. 관측은 예정보다 조금 긴 17시간 만에 끝났다. 정밀한 화상을 포함해 훌륭한 관측 데이터가 수집됐다.

퀼른 관제센터는 "데이터 전송 속도를 올려줘서 살았다. 고맙다. 덕분에 궁지를 대성공으로 바꿀 수 있었다"라는 메시지를 사가미하라 관제실에 전했다. 우리는 "그 고마움의 절반은 DSN에 전해줘요"라고 응답했다. 국제적 팀워크가 가져다준 승리였다.

마스코트가 지표면에 내려앉았을 때 하야부사2는 이부, 아울, 마스코트와 통신 중이었다. 3개나 되는 이동탐사 로봇을 소천체 위에서 동시에 운용한 우주 미션은 사상 처음이었다.

마스코트가 보낸 신호가 끊긴 지 10분 후 쾰른 관제센터의 트라미가 "마스코트의 모든 운용 종료"라고 선언했다. 인터콤 너머로 큰 박수 소리가 들려왔다. 귀에 익은 독일, 프랑스 동료들의 축하와 감사 목소리가 쏟아졌다. 나는 "Congratulations!(축하합니다)"라고 화답했다. 그 말에 트라미는 "You have been always with us(당신은 항상 우리와 함께해 주었습니다)"라고 받아주었다. 그때까지 쌓였던 피로와 스트레스를 한 방에 날려주는 메시지였다.

마스코트 운용이 실시된 날, 마스코트 개발의 본거지인 독일 브레멘에선 국제우주회의IAC라는 우주산업계 최대 규모의 국제회의가 열리고 있었다. IAC에서도 류구의 마스코트 운용이 신속히 보고돼 회의 분위기가 한껏 달아올랐다. 브레멘시 청사에는 하야부사2와 마스코트가 전시됐는데, 5만 5,000명이 방문했다고 한다. 브레멘시 인구가 55만 명이라는 걸 감안하면 대단한 관람 열기다.

착륙 목표지점에 타깃 마커를 설치하라

마스코트 운용까지는 예정대로 이뤄졌으니 연내에 남아 있는 두 차례의 하강운용을 터치다운 성공을 위한 터다지기 용도로 활용해야겠다고 마음먹었다.

"지금 우리 실력으로는 류구의 험준함과 대적할 수 없습니다. 정확한 터치다운을 모색하기 위해 하야부사2 프로젝트는 일단 중단할 작정입니다. 올해 안에 터치다운은 하지 않고, 대신 하강 리허설을 할 겁니다"라는 취지를 기자회견에서 알렸다. 이 결심은 첫 번째 터치다운에 시간을 쏟는 만큼 세 번째 터치다운은 실시하지 않겠다는 것을 시사했다. 그와 동시에 두 번째 터치다운은 절대 포기하지 않겠다는 강한 의지도 내포했다.

그리하여 곧바로 실행에 옮겨진 것이 TD1-R1A 운용이다. 이전에 강제중지한 터치다운 리허설 운용의 재도전으로서 10월14~16일에 실시됐다. 하강 목표는 L08 구역 가운데 비교적 평탄한 L08-B라는 지점. 10월 15일 22시 44분, 탐사선은 최저 고도 22.3미터에 도달했다. 저고도에서 쓰는 레이저 고도계 LRF의 계측이 처음으로 성공했다. 물체가 가까이 있지 않으면 고도를 제대로 측정하지 못하는 기기인 걸 감안하면, LRF의 성능은 충분히 확인된 셈이다.

기술에는 지름길이 없다. 이처럼 증거를 하나씩 하나씩 축적하면서, 그 위에 난이도가 더 높은 운용을 덧붙여 넣는 일이다. 그런 의미에서

LRF의 정상 작동이 확인된 것은 우리에게 의미가 큰 일보 전진이었다.

* * *

10월 23~25일, 그해 마지막 하강운용인 TD1-R3 운용이 실시됐다. 하강 목표는 직전 하강과 동일한 L08-B 지점. 사전에 정해진 대로 이 운용에선 타깃 마커를 L08-B에 조준해 떨어뜨리고, 곧이어 타깃 마커를 추적하는 실험을 해야 한다.

10월 25일 11시 37분, 고도 12미터에 도달해서 타깃 마커 분리. 타깃 마커를 분리한 이후에도 탐사선은 5분가량 저고도를 유지했다. 카메라 시야의 중앙에 타깃 마커를 붙잡아 두면서 추적 활동을 하고 있을 터였다. 그 순간 탐사선의 움직임을 알려주는 건 지상국의 수신 전파 세기와 도플러 신호뿐이다. 속 타는 시간이 지나고, 예정대로 탐사선은 상승으로 전환했다. 상승을 확인하자 관제실은 순식간에 안도의 한숨을 내쉬며 긴장을 풀었다. 흠 잡을 데 없는 대성공이었다.

하야부사2가 저고도에서 찍은 화상을 보자마자 우리는 기쁨에 겨워 펄쩍펄쩍 뛰었다. 타깃 마커가 정확히 분리된 것에 기뻤고, 18만 명의 이름이 새겨진 기념비를 정확히 류구 표면에 설치한 사실에 또 감격했다(이미지 17).

타깃 마커가 떨어진 위치는 조준한 지점에서 15미터가량 벗어난 곳이었다. 착륙 정밀도 추정치가 50미터였던 것에 비하면 꽤 좋은 성적이었다. 물론 15미터의 오차라도 류구의 험준함과 대적할 수 없기는 하지만 말이다.

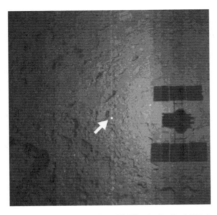

이미지 17   류구에 도착한 타깃 마커(중앙의 하얀 점)**를 고도 12미터에서 추적 중인 광학항법 카메라의 화상.** ©JAXA

　가장 기뻐할 일은 타깃 마커 추적이 상당히 정확하게 이뤄졌다는 사실이다. 하야부사2는 고도 20미터를 유지하면서 타깃 마커 바로 위에서 일정한 위치를 쭉 유지했다. 그 동작은 마치 다부진 생명체의 몸놀림 같았다. 상하, 좌우, 전후로 적절한 타이밍에 추력기를 분사하면서 전력을 다해 하얗게 반짝이는 점 하나를 자신의 시야 한가운데에 붙잡아 두었던 것이다.

　"와~ 저 움직임 좀 봐. 대단한데." "이러면 터치다운 할 수 있겠는데요." "승산이 보여." 운용 멤버들은 관제실 모니터에 뜬 영상을 바라보면서 기쁨 섞인 찬탄을 주고받았다.

* * *

　11월 23일, 하야부사2는 합운용合運用에 돌입했다. 3억 6,000만 킬로미터 떨어진 지구와 하야부사2 사이로 거대한 태양이 가로막아 서기 때문에 합습이라 불리는 이 시기에는 통신이 어려워진다. 잠시 이별이다.

탐사선이 류구에 도착할 때에도 활약한 궤도제어 전문가 집단인 광학유도항법 팀이 또다시 소집됐다. 이탈리아 여성 프로젝트 연구원 스테파니아가 예술작품을 빚듯 설계한 궤도 위로 하야부사2를 올렸다. 일단 류구에서 110킬로미터가량 벗어났다가 1개월 후 다시 홈 포지션으로 되돌아오는 자유귀환궤도다.

그리고 이 합 기간이 우리의 두뇌가 시험대에 오른 숙고의 시간이었다.

그럼에도 착륙은 불가능

하야부사2가 타깃 마커를 추적하는 모습이 담긴 영상은 적잖은 반향을 불러일으켰다. 착륙지점 선정회의 이후 4개월 만인 12월, 일본에 모인 하야부사2의 해외 멤버들은 그 영상에 갈채를 보냈다. 데라이가 강연했다는 어느 국제학회에선 강연을 중단해야 할 정도로 큰 함성과 박수가 쏟아졌다고 한다.

그러나 우리는 아직 열쇠를 손에 움켜쥐지 못했다. 사실, 하야부사2가 구사할 수 있는 핀포인트 터치다운 방식은 착륙 목표지점이 넓고 안전하다는 전제 아래 설계됐다. 즉 가능한 한 목표지점 가까운 곳으로

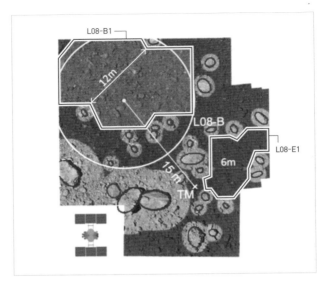

이미지 18　**착륙 목표지점 L08-E1 주변 지형과 돌의 분포. TM은 타깃 마커의 위치. 타원들은 위험한 것으로 식별된 커다란 바위.**

©JAXA

내려가는 설계다. 그런데 앞으로 우리가 해야 할 작업은 목표지점 이외에는 내려가선 안 되는 설계였다.

세 가지 과제가 놓여 있었다. ① 타깃 마커가 떨어진 곳 가까이 안전한 착륙 장소가 있을까. ② 지표 위에 있는 타깃 마커를 하강 중인 하야부사2가 제대로 포착할 수 있을까. ③ 포착 후 타깃 마커를 안표 삼아 안전한 착륙 장소에 고도로 정밀하게 착륙하는 일이 도대체 가능할까. 프로젝트의 사이언스 팀과 공학 팀이 총력을 다해 이 과제와 씨름했다.

류구에 떨어진 타깃 마커 주변에 안전한 장소가 있는지 탐색하는 작업이 시작됐다. 행성과학 전문가들이 몰두한 일은 사진에 찍힌 돌덩이를 일일이 측정하는, 아주 원시적인 작업이었다. 긴키대학의 미치카미 다쓰히로道上達広는 사진에 자를 대가며 돌의 크기를 측정했다. 도쿄대학의 히로타 도모카쓰諸田智克는 지면 위로 드리워진 돌의 그림자 길이로 돌의 높이를 산출했다. 그들은 이 작업에서 1만 개 넘는 돌을 측정하며 그야말로 무아지경에 빠졌다고 한다.

이런 식으로 획득한 돌의 분포는 아이즈대학의 히라타 나루와 고베대학의 히라타 마사유키의 손을 거쳐 지형 모델에 반영됐다. JAXA의 기쿠치가 이 모델을 바탕으로 착륙 안전성 지도를 그렸다. 허용되는 돌의 높이는 70센티미터 이하. 그보다 높으면 하야부사2가 착륙할 때 표본채취관보다 먼저 본체의 아랫부분이 돌과 부딪혀 탐사선 파손을 초래한다. 어렵사리 찾아낸 안전지대는 타깃 마커와 4미터 떨어진 곳으로 지름 6미터 너비의 공간이었다. 우리는 그 구역을 L08-E1이라 불렀다. 지름 6미터라면 허용되는 착륙 오차는 3미터다. 구역질을 느낄 만큼 협소한 곳이었다(이미지 18). 생각한 건 거침없이 내뱉는 사이키가 "6미터? 우웩~"하며 구토하는 시늉을 했다. L08-E1의 풍경이 머릿속을 떠나지 않았다. 나는 그 땅 한복판에 한참 서 있는 악몽을 꾸다 잠에서 깨어나기도 했다.

한편 공학 팀은 하야부사2가 타깃 마커를 다른 것과 헷갈리지 않고 정확히 찾아낼 수 있는 방법을 살펴봤다. 만약 하야부사2가 헷갈려 버리면 엉뚱한 안표를 진짜로 믿고 그곳 가까이 착륙할 것이다. 그런 사태를 확실히 방지할 방도가 반드시 있어야 했다.

그러기 위해서 가장 중요한 것이 탐사선을 타깃 마커 위로 정확하게 유도하는 일이다. 어떻게 해야 할까. 하야부사2는 고도 45미터에 도달해야 비로소 광학항법 카메라가 눈을 뜨고 타깃 마커를 찾는다. 그러니 눈을 뜬 순간 타깃 마커가 시야에 들어와 있어야 한다. 저고도에서 그만큼 높은 정밀도로 탐사선을 유도할 수 있을까. 자세·궤도 제어AOCS 팀의 오노 고우가 그 문제를 붙들고 씨름했다. 하야부사2에 달린 12개의 추력기는 저마다 개성이 있다. 그 개성을 고려해 오차가 거의 생기지 않게끔 궤도를 만들었다. AOCS 팀장 데라이와 격론을 벌인 끝에 완성한 하강궤도는 정밀도가 높고 촘촘했다.

AOCS의 오가와 나오코는 둘째가라면 서러워할 만큼 집중력이 강한 여성이다. 과거에 그는 100만 화소 화상에서 단 1픽셀의 오차를 발견하여 탐사선 소프트웨어의 버그bug를 잡아낸 적이 있다. 오가와는 광학항법 카메라가 어떻게 타깃 마커를 찍는지 열심히 조사했다. 하야부사2가 발산하는 플래시 빛을 받은 타깃 마커는 밝게 빛난다. 착륙지점 주변 환경을 샅샅이 훑어 진짜 돌과 타깃 마커를 오인하지 않도록 노출 시간 등 촬영 조건을 최적화했다.

이로써 하야부사2를 저고도로 정확하게 유도해 탑재된 광학항법 카메라로 타깃 마커를 찾아낼 수 있는 길이 보였다.

타깃 마커를 찾아낸 다음엔 어떤 방식으로 착륙까지 이끌어 낼 것인가. 이 과제가 우리를 가장 괴롭혔다. 우리는 NEC에 세 가지 아이디어를 제시하고, 실현 가능성을 따져봐 달라고 요청했다. 수시로 회의가 열렸다. 놀러 가는 옷차림으로 공항의 공중전화 박스 안에서 한 손엔 노트북, 다른 손엔 핸드폰을 들고 비대면 회의를 한 적도 있다. 기쿠치는 출장길 이동 중에 긴급 화상회의에 참석하기 위해 노래를 부를 것도 아니면서 노래방 부스로 달려가기도 했다.

새해가 코앞인 2018년 12월 27일, NEC가 검토 결과를 보고했다. "검토한 세 가지 방식은 모두 현실성이 없습니다." 벼랑에서 확 떠밀린 듯한 충격을 받았다. 우리는 또다시 막다른 길에 몰렸다. 특히 문제가 된 것은 착륙의 최종 프로세스였다. 고도 45미터 이하에서 하야부사2는 LRF의 레이저 4기를 부채꼴 모양으로 내리쬐면서 고도를 계측하고, 지형에 대한 탐사선의 기울기를 계측하도록 설계됐다. 하지만 NEC에 따르면 류구 표면의 굴곡이 너무 심해서 LRF가 지형에 너무 민감하게 반응한 나머지 자세가 흐트러져 착륙 정밀도를 확보할 수 없었다.

꼼수로 광명을 찾다

고민은 새해에 하기로 하고 회의는 산회했지만 누구 할 것 없이 낙담은 컸다. 나는 종무일인 12월 28일 아침부터 하야부사2 소프트웨어 관련 기술 문서를 첫 페이지부터 빠짐없이 훑어나갔다. 어딘가에 힌트가 있지 않을까. 어디선가 놓친 기능이 있지 않을까. 실낱같은 희망에 기댄 채 지푸라기라도 잡고 싶었다.

저녁 무렵, 문서 중 한 대목에서 눈이 멈췄다. LRF의 파라미터para-meter(매개변수) 설정법에 관한 내용인데, 문득 그것을 악용해 보면 어떨까 하는 아이디어가 머리를 스치고 지나갔다.

'LRF를 속여 짧은 순간 지형의 굴곡을 완전 무시하도록 만들면 정밀도를 확보하면서 착륙할 수 있지 않을까.'

해킹 수법과 비슷한데, 꼼수라면 꼼수다.

내 아이디어를 정리해서 후다닥 NEC에 이메일을 보냈다. 연말인데도 아랑곳없이 초고속으로 답장이 왔다. 발신자는 NEC의 AOCS 담당자 겐타 히토시權田仁였다. "그렇게 하면 가능할 수도 있겠습니다. 해 바뀌면 바로 확인해 보겠습니다." 어떻게 해서든 답을 찾아내야 한다는 마음은 그쪽이나 나나 똑같았다.

한참 후에 들은 이야기인데, 그날 NEC 주요 멤버들은 퇴근하지 않고 회사에 남아 내가 낸 아이디어를 놓고 논의한 다음 곧장 시뮬레이션에 착수했고, 가능성이 있음을 확인하고서야 새해 명절을 맞았다고 한다.

"실현 가능." 2019년 1월 7일, NEC로부터 답장이 왔다. 내 아이디어는 엉성했던 터라 JAXA의 AOCS 멤버도 빠짐없이 출근해서 그 새로운 방식을 꼼꼼히 살펴보았다. 이리 뜯어보고 저리 뜯어봐도 모든 측면에서 구멍은 없다는 게 확인됐다.

1월부터 2월에 걸쳐 마지막 마무리 작업에 착수했다. 완벽주의의 쌍두마차 다케우치와 오가와는 화상을 본 후 렌즈의 왜곡으로 오차가 있음을 발견했다. 덕분에 착륙 정밀도를 5센티미터 더 높였다. 착륙지점 관련 데이터 해석의 귀재 기쿠치와 돌덩이 개수를 세면서 득도의 경지에 이른 히로타는 화상과 지형 모델을 대조해 가며 정밀도를 50센티미터 향상하는 방법을 찾아냈다. 그 과정에서 실시한 시뮬레이션만 수백만 번이다.

자세·궤도 제어 분야를 맡은 데라이, 오노, 미마스와 궤도역학 사이언스 팀의 이케다 히토시는 류구 적도 산등성이의 질량 집중으로 궤도가 휘어지는 효과*까지 고려하며 하강궤도를 꼼꼼히 손질하여 다듬었다. 요시카와 겐토는 표본채취관이 지표에 닿는 몇 초 동안의 탐사선 움직임을 1,000분의 1초 단위로 해석한 뒤 안전성이 있다고 확인해 주었다. 사이키, 무라이 등 시스템 멤버들은 순서가 틀려도 절대로 추락하지 않도록 긴급대응 수순을 만들어 놓는 등 상아 세공처럼 정교한 시퀀스를 코끼리의 몸처럼 탄탄하게 다졌다. 그리하여 터치다운 시퀀스가 완성됐다.

2월 12일, JAXA와 NEC 합동으로 검토·평가회의가 열렸다. 사전 시뮬레이션, 완성된 수순, 착륙 정밀도, 긴급대응안 등이 보고됐다. NEC의 시스템 총괄 마스다 데쓰야는 "…이상과 같이 조치 사항들은 모두 끝냈습니다. 문제점은 발견되지 않았습니다. 진행 수순의 준비도 모두 끝났습니다. 이상을 근거로 NEC도 터치다운 실행은 가능하다고

---

* 질량이 집중된 곳은 상대적으로 중력이 높아 탐사선이 내려갈 때 더 세게 끌어당긴다.

판단합니다"라고 보고했다. 보고가 끝나자 회의실은 고요해졌다. 아무런 지적 사항이 나오지 않았다.

"그럼 통과네요." 내 입에서 그 말이 불쑥 튀어나왔다.

모든 이는 피곤함과 충족감이 뒤섞인 웃음으로 대답을 대신했다. "좋아, 이걸로 됐어." "이걸로도 안되면 어쩌겠나." 긴장감에 잔뜩 상기된 모두의 얼굴에 자신감이 언뜻 내비쳤다.

그때의 훈련이 구세주가 될 줄이야

2019년 2월 21일, 드디어 운명의 날이 왔다. 나는 크리티컬 운용을 앞두고 으레 그랬듯이 근처 작은 신사에 들러 기도를 올린 후 관제실로 향했다. 그리고 결전의 시간 속으로 들어갔다.

오전 6시 반, 하강 준비는 순조롭게 진행됐다. 현재 탐사선은 고도 20킬로미터의 홈 포지션에 머물러 있지만 1시간 30분 쯤 뒤에는 터치다운을 위한 하강을 개시한다.

터치다운에 필요한 모든 프로그램은 이미 탐사선에 업로드됐다. 이제 게이트 1 체크만 남았다.

그때 돌발 사태가 벌어졌다. 탐사선의 관측 시퀀스를 관장하는 컴퓨터에 에러가 난 것이다. 무슨 까닭인지 탐사선에 탑재된 카메라가 분주하게 관측 동작을 하기 시작했다.

자세·궤도 제어 파트의 자리에 앉아 텔레메트리를 모니터링하던 NEC의 요코다 이쓰키橫田—毅는 상황 파악을 못 한 채 옆자리의 오가와 나오코에게 "이건 뭔가요?"라고 물었다. 기술에 관한 한 빈틈이 없고 틀리는 법이 없는 오가와가 "하하하…"라며 대꾸했다. 요코다는 그때 그녀의 반응을 보고 정말로 난감한 일이 생겼음을 깨달았다고 한다.

관제실 사람들은 불의의 사태에 상황을 파악하느라 허둥지둥거렸다.

"있을 수 없는 일이 벌어졌습니다. 어쨌든 시퀀스를 중지하겠습니다." 플라이트 디렉터 사이키는 시퀀스 중단 명령을 하야부사2로 전송하도록 지시했다.

"시퀀스를 멈추었으니 탐사선은 여전히 고도 20킬로미터에 있습니다. 탐사선은 안전합니다. 우선 문제부터 파악하고, 그다음에 복구하겠습니다." 사이키는 차근차근 적절한 지시를 내렸다.

말 그대로 긴급사태였다. 여기서 전력을 쏟지 않으면 미래는 없다. 비번인 멤버들을 소집했고, 총력을 다해 문제를 해결할 팀 체제를 꾸렸다(이미지 19).

그사이에 상황 파악은 끝났다. 어찌 된 영문인지 탐사선은 저고도에서 실행해야 할 관측을 앞질러 착수해 버린 것이었다. 그런 일이 왜 일어났을까. 원인을 찾아낸 사람은 NEC의 마스다였다. 그는 자신의 분신처럼 하야부사2 탐사선의 모든 기능을 속속들이 꿰고 있었다. "하강 시퀀스의 초기 설정이 잘못되어 있습니다. 그로 인해 탐사선은 자신이 지

이미지 19   터치다운 5시간 연기를 모색 중인 관제실 모습. ⓒISAS/JAXA

금 저고도에 있다고 믿어버린 겁니다.”

　문제를 알았으니 그다음은 복구다. 사이키는 내 귀에 대고 “원인은 알지만 복구는 시간이 걸립니다. 오늘은 이쯤에서 끝내죠. 터치다운은 무리예요.”라고 말했다.

　나는 관제실 백룸backroom에서 하강 유도를 담당하기로 한 야마모토 도루山元透의 자리로 갔다. “이런 상황이면 예정된 하강은 무리 같아. 문제 파악과 복구는 사이키, 마스다를 중심으로 충분히 할 수 있어. 야마모토, 예정보다 늦게 하강을 시작했을 경우의 궤도를 만들어 줄 수 있겠나?”

야마모토는 주저없이 고개를 끄덕였다. 그리고 불과 10여 분 만에 내 의도를 정확히 간파한 궤도를 만들었다. 야마모토의 궤도에 따르면 5시간 늦게 하강을 시작하여 예정보다 2배 빠른 속도로 하강하면 고도 6.5킬로미터 부근에서 애초에 계획된 궤도에 진입할 수 있었다. 나는 그 방안을 받아들고, 팀원들에게 향후 방침을 전달했다.

"탐사선은 지금 안전한 상태입니다. 서둘러 중지를 판단할 상황은 아닙니다. 오늘 중으로 터치다운을 실시한다고 가정하면 우리가 할 수 있는 일이 무엇인지 각자 찾아봅시다."

사이키도 마스다도 고개를 끄덕끄덕했다. 이어서 "5시간 뒤에 안되면 그땐 중지하는 겁니다, 아시겠죠? 그런 일 없도록 하는 데까지 해보자고요"라고 말했다.

5시간 뒤라는 목표가 생기자 관제실은 활기를 띠기 시작했다. 관제실 화이트보드는 탐사선의 설정 항목들로 빼곡히 메워졌다. 그것들을 바탕으로 탐사선이 되돌아오는 순서를 표시한 흐름도가 그려졌고, 작업이 끝난 곳에 체크 표시가 그려졌다. 관제실 곳곳에서 상호 확인을 위한 행동인 읽기와 복창 소리가 울렸다. 백룸에선 5시간 지연된 고속 하강궤도를 프로그래밍해서 탐사선에 보낼 준비를 했다.

운용 팀 절반은 복구 작업을 하고, 나머지 절반은 터치다운 속행을 위한 작업에 임했다. 현장이 복구에 집중하는 동안 내가 속행을 위한 준비작업을 할 수 있었던 것은 RIO 훈련 때 결정한 권한 이양 덕택이다. 관제실 내부에서 이뤄지는 작업들은 다중적이면서 다층적이지만 마치

한 사람이 움직이는 듯했다. 하나의 예술작품이 창조되는 장면을 지켜보는 기분이란 이런 것이구나 하는 느낌이 강하게 들었다.

나는 NEC 측 프로젝트 매니저 오시마 다케시에게 "제조업체로서 이렇게 바뀐 상황을 받아들일 수 있나요?"라고 물었다. 보수적인 스탠스를 취하기 마련인 제조업체의 리더에게 동의를 구하는 일은 무척 중요하다. 오시마는 "고속 하강은 2017년 RIO 훈련에서 겪었으니 됐고. 하강 프로그램의 당일 변경도 역시 경험해 봤으니 됐고. 터치다운 속행에 동의합니다"라고 말했다. 아, 그때의 사전 훈련이 이토록 큰 보탬이 될 줄이야.

12시 36분, 하강 개시 준비를 확인하는 게이트 1 체크가 실시되고, 탐사선 상태가 원상 복구됐다. 하강 준비는 끝났다.

"게이트 1, 올 그린all green(모두 안전) 확인했으니, 하강을 개시하겠습니다. 여긴 FD(플라이트 디렉터), PM(프로젝트 매니저)은 괜찮죠?" 사이키가 인터컴을 통해 확인을 요청했다. "PM, 알았다 오버." 우리는 다시 스타트 라인에 섰다.

13시 13분, 당초 속도의 2배인 초속 90센티미터로 하강 개시. 벼락치기 작업이 있었던 탓에 하강 중에도 철저한 체크가 이뤄졌다. 나는 아드레날린이 솟구치고 긴장의 끈을 놓지 못한 모든 멤버에게 앞으로는 장기전이니 차례차례 돌아가며 휴식을 취하라는 지시를 내렸다.

인류의 손이 새로운 별에 닿다

하강 자체는 게이트 1 이전의 혼란과 180도 달라져 아주 평온하게 진행됐다. 밤근무를 마치고 아침에 퇴근하는 일부 멤버는 일이 잘되기를 바라는 마음에 가쓰돈*을 먹으러 가는 여유도 부렸다.

17시 33분, 고도 6.5킬로미터 부근에서 원래 계획한 궤도로 따라붙었다. 하강 속도를 초속 40센티미터로 떨어뜨렸다. 자, 이제부터는 여지껏 계획한 대로 탐사선이 날아주기만 하면 된다.

19시 8분, 고도 5킬로미터에 도달. 초속 10센티미터로 하강 속도를 줄였다. 거기서부터 하강 속도는 탐사선의 자동제어 시스템이 맡는다.

이튿날 아침 6시 10분, 게이트 3, 즉 터치다운 전 최종 Go/No Go를 판단할 순간이 왔다. 결론은 올 그린. 안전하다는 신호다. "이제 탐사선에게 맡깁시다. Go 해도 좋습니다." 나는 사이키 FD에게 말했다. "FD가 커맨더에게 전달합니다. Go 명령 송신 바랍니다." 사이키는 하야부사2를 완전자율비행으로 전환하는 명령을 전송하도록 커맨더인 후카노 가요에게 지시했다.

Go 명령을 수신했을 때 하야부사2의 고도는 대략 300미터. 초속 10센티미터로 하강 중이었다(이미지 20). 7시 7분, 고도 45미터에 도달

---

* 가쓰는 이기다는 뜻의 동사 勝つ와 발음이 똑같다. 그래서 가쓰돈을 먹으면 바라는 일이 이루어진다고 믿거나 기대하는 관습이 있다. 시험에 꼭 붙으라고 엿, 찹쌀떡을 먹는 관습과 같다.

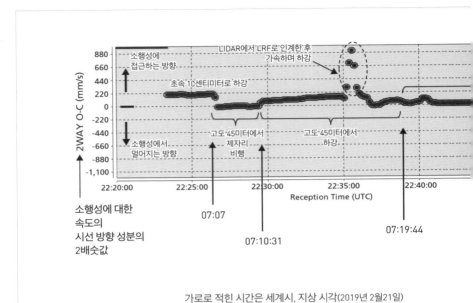

이미지 20　**하야부사2의 백업 궤도설계들**(저자 작성, 모든 날짜는 설계 단계의 한 사례).

한 하야부사2는 아무 탈 없이 타깃 마커를 포착했다. 포착한 타깃 마커를 기준점에 놓고 치밀하게 프로그래밍된 복잡한 움직임을 하나도 빼놓지 않고 깔끔하게 수행했다.

오전 7시 29분 10초, 하야부사2는 L08-E1 지점에 터치다운 했다.

도플러 그래프가 하강에서 상승으로 전환했음을 알리는 순간 관제실 안은 환희로 가득 찼다. 박수, 악수, 포옹, 주먹 불끈, 포효, 웃음 그리고 눈물.

나는 눈짓으로 '해냈어'라고 말하며 하야부사2를 이날까지 이끌어

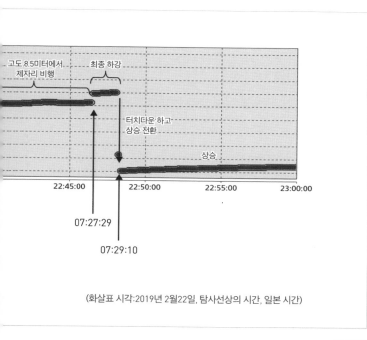

온 와타나베 세이치로, 요시카와 마코토, 사이키 다카나오와 함께 악수
와 포옹을 나누었다.

1호 하야부사 팀의 가와구치 준이치로와 구보타 다카시久保田孝는 탄
환 발사 증거를 자꾸 확인하고 싶어 했다. 하야부사 1호기는 터치다운
을 하고도 탄환을 발사하지 못해 성공에서 좌절의 구렁텅이로 추락하
는 경험을 맛봤다. 탄환 발사 증거인 화약의 온도 상승을 보여주는 데이
터가 관제실로 내려온 순간, 두 사람은 만면에 활짝 웃음을 띠었는데,
나는 그 모습을 잊지 못한다. 나는 가와구치에게 "이걸로 1호 하야부사

에게 진 빚은 갚으셨네요"라고 했다. 가와구치는 웃음 머금은 악수로 대답을 대신했다.

터치다운 완료가 확인되었기에 11시 20분, 3개의 칸으로 구성된 표본 보관 컨테이너에서 첫 번째 칸(A칸)을 일찌감치 폐쇄했다. 이로써 의심할 여지 없이 L08-E1 지점의 표본은 확보됐다.

다들 빙 둘러서서 기쁨을 나누는 동안 관제실 한쪽 구석에서 조용히 텔레메트리를 지켜보던 이들이 있었다. JAXA와 미쓰비시중공업의 화학추진 시스템RCS을 담당한 팀원 3명이었다. 그들에 따르면 하야부사 1호기가 두 번째 터치다운 후 상승 정지를 위해 분사했을 때 연료 누수가 발생했었다고 한다. 그래서 RCS 팀으로선 축하하기엔 아직 이르다고 했다. 나는 "그런 김 빼는 소리는 좀…" 하며 웃어넘겼지만 속으론 울상을 지을 뻔했다. 몇 시간 지나 상승감속분사 완료 후에 그들 역시 RCS 팀으로서 웃는 얼굴로 터치다운 성공의 기쁨을 나누었다. 나는 다양한 사람들의, 각양각색의 정성이 터치다운을 성공시켰다고 믿는다.

얼마 후 표본채취관 모니터링 카메라CAM-H가 찍은 화상이 동영상으로 복원됐다. 영상에는 터치다운의 시작과 끝이 또렷이 담겨 있었다. 탄환이 발사되는 순간, 표본채취관의 끝부분에서 모래와 돌멩이가 대량으로 뿜어져 나오며 공중으로 마구 흩날렸다. 흡사 우리의 성공을 용궁 공주님(오토히메)이 종이 꽃가루를 날리며 축하해 주는 것만 같은 극적인 영상이었다. 그 장면을 본 우리는 착륙지점에 보물상자라는 별명을 붙여주었다.

지형이 선명하게 찍혀 있었기 때문에 실제로 어디에 착륙했는지 정확하게 특정할 수 있었다. 놀랍게도 그 오차는 단 1미터였다. 저 멀리 3억 킬로미터 떨어진 미지의 천체에 처음 착륙한 것치곤 더 바랄 게 없는 성과였다.

인류의 손이 가장 이상적인 모습으로 류구라는 자그마한 별에 닿았다.

Hayabusa2,
an asteroid sample-return mission
operated by JAXA

50년에 한 번 오는 찬스를 잡아라

소행성 근접 운용

/후반전

새로운 전투의 서곡

신사 3명이 스낵바 오토히메 한 귀퉁이 희미한 조명 아래 놓인 라운지 테이블에 빙 둘러앉아 담소를 나누고 있었다.

"아까는 위험한 순간이었어."

"앤드루는 우리들의 구세주야. 덕분에 계획대로 물건을 옮길 수 있겠어."

"맞아."

테이블 한 귀퉁이에서 바지런히 빈 병을 정리하고 있던 숙녀가 우리의 대화를 듣더니 한마디 끼어들었다.

"여러분들은 위험한 일을 할 때마다 즐거워하는 것 같아요."

맞다. 지금은 DO-S01 운용*이 한창이다. 스낵바 오토히메는 관제실 맞은편에 설치된 휴게 공간이다. 그곳엔 운용 멤버용의 값싼 스낵류와 무알코올 음료가 산더미처럼 쌓여 있다. 프로젝트 비서 고야마 에리小山惠理는 에너지음료 빈 병을 정리하면서 여느 때처럼 상냥한 마음을 담아 밉지 않게 비아냥거리는 말투로 운용 멤버들에게 말을 건넸다.

세 신사, 즉 다케우치, 사이키, 그리고 나는 바로 직전까지 관제실에서 벼랑 끝에 몰려 있었다.

2019년 3월 7일, 하야부사2가 두 번째 터치다운 후보지점 조사를 위해 하강을 개시한 직후 갑자기 심우주네트워크DSN 골드스톤 지상국 안테나를 사용할 수 없게 됐다. 무슨 문제가 생겼기 때문이다. 안테나는 거대하고 복잡하며 정교한 장치라서 그런 일이 종종 일어난다. 하지만 아무리 그렇더라도 타이밍이 안 좋았다.

다케우치는 DSN의 매니저에게 국제전화를 걸었다. 사정을 설명하며 어떻게 해서든 다른 안테나를 할당해 달라고 간곡히 요청했다. 하지만 DSN은 항상 다수의 탐사선을 동시에 추적하고 있는 터라 대체해 줄 안테나를 찾지 못했다. 상황이 그렇다면 하야부사2는 강제중지 시키는 수밖에 없다.

첫 번째 터치다운 때 5시간 지연을 극복했지만 이번엔 손쓸 방도가 없고, 어떤 의미에선 그때보다 상황이 더 나쁘다. 다케우치는 야무진

---

* 터치다운 목표지점인 S01로의 하강 및 관측 운용.

영어로 DSN에 연거푸 대안을 제시했지만 번번이 거부당했다. 그래도 협상을 포기하지 않았다.

젊고 경력이 짧은 앤드루 크루거는 DSN의 네트워크 일정 관리자다. 세계 곳곳에 배치된 12개 지상국의 거대한 심우주 안테나를 하야부사2에 할당한 담당자다. 그런데 사이키가 강제중지 결정을 내리기 5분 전에 앤드루로부터 연락이 왔다.

"대체 안테나 확보했습니다. 바로 쓸 수 있습니다. 다른 미션에 사정을 설명하고 하야부사2에게 양보해 달라고 했습니다."

우리는 그 연락을 받자마자 무심결에 터치다운 성공 때보다 더 큰 목소리로 "왔다! 됐어!"라고 외쳤다. 앤드루가 보낸 메시지의 행간에는 끈덕지게 협의한 흔적이 엿보였다. 그러고 보니, 마스코트 운용 때 아주 적절한 타이밍에 70미터 안테나를 할당해 준 사람도 앤드루였다.

NASA는 이럴 때 아량이 넓다. 자신들 미션이 아니어도 매우 심층적으로 미션의 중요한 포인트를 이해하고, 자신들이 할 수 있는 일이라면 성심성의껏 힘써준다. 앤드루와 다케우치의 깔끔한 플레이가 백척간두에서 DO-S01 운용을 구출했다.

이 운용에서 하야부사2는 두 번째 터치다운 후보지점 중 하나인 S01 구역 상공 22미터까지 내려가 착륙지점 관측에 성공했다.

그렇다. 우리는 아무도 이룬 적 없는 동일한 천체에 두 번 착륙하기를 위한 포석을 깔아놓은 것이다. 첫 번째 터치다운은 커다란 성과였지만, 그것은 하야부사 1호기의 비원悲願을 풀었다는 성격도 강했다. 하지만 이제부터 하야부사 1호기는 잊고 완전히 새로운 무대로 들어서야 한다. 인류가 이룬 적 없는 전인미답의 영역을 향한 도전. DO-S01 운용은 그 위대한 서곡이었다.

* * *

시간을 되돌려 보자. S01 구역은 류구의 적도 부근으로 첫 번째 터치다운 지점에서 적도를 따라 둘레의 4분의 1만큼 동쪽으로 이동하면 나온다. 거리상으로 800미터가량 떨어진 곳이다.

S01이 터치다운에 적합하다고 도출한 사람은 고치대학 혼다 리에本田理恵 등 광학항법 카메라ONC 팀이다. 그들은 류구의 지형에서 평탄한 지형을 효율적으로 추출하는 화상처리 기술을 개발해 융단폭격 하듯 류구 전체를 탐색했다. 그 결과 S01을 찾아냈다. 지바대학 와다 고지和田浩二는 다른 관점에서 S01이 인공 충돌구를 만들기에 알맞은 지점임을 알아차렸다.

말하자면, 우리는 앞으로 실시할 인공 충돌구 만들기의 성패와 상관없이 두 번째 터치다운을 진행하기 위해 선수를 친 셈이다. 인공 충돌구가 뚫리든 안 뚫리든 S01 구역은 터치다운을 노려볼 수 있는 장소였다.

놀랍게도 팀의 본진이 첫 번째 터치다운을 실현하기 위해 악전고투하는 동안 그것과 병행해서 이 작업들이 착착 진행됐다. 이처럼 두텁고 탄탄한 추진력이 하야부사2 팀의 강점이다.

* * *

DO-S01 운용이 끝났을 때 미네르바II-2 운용계획을 입안한 요시카와 겐토, 오키 유스케, 가와구치 준이치로와 나는 미국 콜로라도주에 머물고 있었다. 나의 미국 유학 시절 스승이자 우주비행역학의 대가인 대니얼 시어즈 콜로라도대학 교수를 모시고 미네르바II-2 운용계획에 대한 평가회의를 갖기 위해서다.

앞을 내다보고 선수를 쳐라. 이 또한 하야부사2 팀이 모토로 삼은 행동준칙이다. 미네르바II-2는 문제점을 안고 있었다(뒤에서 서술). 인공충돌구 만들기도 안 끝나고, 두 번째 터치다운도 미처 끝나지 않은 시점에서 팀은 그 문제점을 타파할 비책을 짜내려 갖은 노력을 마다하지 않았다. 그리고 그 노력은 반년 후에 더 큰 열매를 맺는 밑거름이 된다.

* * *

3월 중순, 하야부사2 사이언스 멤버는 미국 휴스턴에서 열린 달 및 행성과학 회의LPSC에 집결했다. LPSC는 아폴로 우주선의 달 착륙을 계기로 매년 유인 우주비행의 본고장인 휴스턴에서 개최되는데, 달 및 행성과학 분야에서 가장 큰 국제회의 중 하나다. 그 회의에서 하야부사2와 오시리스-렉스 두 표본회수 미션의 특별 세션이 마련됐다. 그 세션은 LPSC의 하이라이트였다.

와타나베 세이치로가 터치다운 영상을 보여주며 성과를 발표했을 때 입추의 여지 없이 꽉 찬 회의실의 열기는 최고조에 이르렀다. 스기타 세이지는 능구렁이다. 그는 "앞으로 이런 기회가 좀처럼 없을 테니 위대한 NASA에 '축하의 말'을 띄웁니다"라고 발언했다. 하야부사2보다 늦게 소행성 베누에 도착한 오시리스-렉스의 초기 성과 발표에 대해 선배 입장에서 한마디 남긴 것이다. 과학적으로 신개념을 만들어 내고 국제적인 컨센서스를 얻어내려면 그저 미션을 잘 수행하는 것만으로는 모자란다. 당차게 학술적 논의의 주도권을 움켜쥐는 자세도 필요하다. 사이언스 멤버들은 하야부사2의 성과를 무기로 과학의 전장에서 싸웠다.

* * *

그즈음엔 류구의 속성도 어지간히 밝혀진 상태였다. 그것을 바탕으로 2019년의 운용계획을 수정했다. 온도의 제약으로 터치다운이 가능한 시기를 5월 말 이전으로 잡아놨지만 JAXA·NEC의 열熱 해석 팀이 각고의 노력 끝에 7월 초순까지 시기를 넓혔다.

그리고 4월에 휴대용 소형 임팩터, 즉 SCI 운용을 실시하기로 했다. 그다음엔 SCI가 뚫은 인공 충돌구로 터치다운 할 계획이었다. 첫 번째 터치다운에서 정밀도 1미터 수준으로 착륙할 수 있었으니 첫 번째에서 두 번째로의 기술적 도약은 미미하다. 제4장에서 기술한 방식대로 정리하면, 목표는 A → B → E → F → S → E → F → O 순서다(자세한 것은 책 뒷부분 개요 그래픽 자료 참고). 마지막 단계인 O 미션은 새로이 추가된 미네르바II-2 궤도비행 운용을 가리킨다. 이 순서는 류구 도착 전의 계획을 생각하면 격세지감이다. 첫 번째 터치다운에서 고난도 기술(E, F 미션)을 실현한 덕택에 목표를 세우기가 훨씬 쉬워졌다.

이렇듯 첫 번째 터치다운 이후 1개월은 하야부사2에게 큰 도약을 위해 잠시 웅크린 시간이었다. 인류가 밟아보지 못한 영역에 도전하기 앞서 다방면으로, 조용히 그리고 착실하게 힘을 비축했다.

소행성에 구멍을 뚫어라

소행성 근접 단계의 제3막이 올랐다. 2019년 3월 20~22일, 하야부사2는 고도 1.7킬로미터에서 하강해 인공 충돌구를 만들 곳인 S01의 지형을 측량했다.

그리고 4월 4일, 인공 충돌구 뚫기의 실전운용(명칭은 SCI 운용)이 시작됐다. 탐사선은 홈 포지션에서 꼬박 하루 걸려 S01 지점을 향해 곧장 하강했다. 고도 500미터에 접어들 때까지 지구 위에선 탐사선의 컨디션을 꼼꼼히 체크했다.

관제실은 SCI 팀원들로 북적거렸다. SCI 개발을 이끈 사이키는 플라이트 디렉터 직무까지 겸했다. IHI 에어로스페이스, 닛폰코키日本工機, NEC 소속 멤버들이 SCI의 컨디션을 체크한 뒤 Go 신호를 보냈다.

Go 명령어를 수신한 하야부사2는 그 이후 완전자율 모드로 이행했다. 4월 5일 10시 56분, 고도 500미터에서 SCI를 분리하고, 소행성의 이면으로 돌아가는 전속력 대피 행동에 돌입했다. SCI 분리에서 기폭까지 걸리는 시간은 마의 40분이다. 탐사선과 지구 사이 통신 시간이 왕복 40분이기 때문에 그 40분 동안은 지구의 관제사가 이상한 점을 감지하더라도 탐사선을 도와줄 수 없다.

전속력 대피 행동이 성공하려면 2개 이상의 추력기를 적절한 타이밍에 분사해야 한다. 먼저 소행성에 대해 수평 방향(가로 방향)으로 측면 추력기 2개를 이용해 약 20초간 분사. 1킬로미터가량 수평으로 이동했을 때 이전과 정반대쪽 추력기를 이용해 역분사逆噴射. 수평 이동을 멈춘다. 그리고 분리카메라DCAM3를 분리한다. 그 순간 탐사선의 위치는 여전히 SCI 폭발 때 영향을 받는 위험 지대다. 분리된 DCAM3는 상공에 머물면서 인공 충돌구가 생성되는 모습을 촬영한다. DCAM3 분리 후 곧바로 탐사선 윗면에 달린 추력기 4개를 약 20초간 동시에 분사해 전속력으로 하강한다. 하야부사2가 낼 수 있는 최고 추력이다.

이때가 가장 아슬하다. 첫 번째 수평이동 때 이동거리가 충분하지 않으면 하강하다가 류구와 충돌하게 되고, 너무 많이 이동해 버리면 류구의 이면으로 숨는 시간이 길어져 SCI 기폭 때 튀어 오르는 파편을 피하지 못한다.

이 복잡한 시퀀스를 작성한 사람이 AOCS의 미마스 유야다. 그는 모니터에 표시되는 추력기 분사 상태와 자세 시스템의 데이터를 계속 모니터링했다. 기술자는 언제나 자기 일에 자신감을 가진다. 하지만 결코 안심하지 않는다. 미마스에게 마의 40분은 분명 조마조마 죽을 맛이었을 것이다.

기폭할 시간이 왔다. 사이키 밑에서 SCI 개발을 도운 이마무라 히로시今村裕志는 이날 관제실 바깥에서 대기하고 있었는데, SCI에 대한 애정이 넘친 나머지 헬멧을 쓴 채 기폭 순간을 기다렸다. 여담이지만, 헬멧

쓴 그의 모습이 전 세계에 공개돼 3억 킬로미터 저편의 폭발에 대비하는 일본인의 높은 안전 의식이 주목을 끌었다(웃음).

11시 36분, DCAM3 팀원 사와다 히로타카와 오가와 가즈노리小川和律가 느닷없이 관제실 한쪽 구석에서 소리 없이 하이파이브를 나눴다. DCAM3가 촬영한 데이터를 하야부사2가 수신한 것이다. DCAM3는 탐사선 발사 후 실전에서만 전원이 들어오게 되어 있었다. 리허설 없는 첫 실전에서 제대로 작동했으니 두 사람이 기뻐할 만했다. 사와다와 오가와가 마주한 모니터에서 DCAM3의 텔레메트리 정상 수신을 가리키는 수치가 순조롭게 증가하고 있었다. DCAM3는 곧 있을 빅 이벤트를 포착해 줄까.

예정된 기폭 시간이 지났어도 하야부사2는 아무 탈 없이 괜찮음을 알려주는 텔레메트리를 보내왔다. SCI 기폭이 탐사선에 영향을 준 것으로 여겨질 만한 특이점은 보이지 않았다.

하야부사2는 마의 40분을 무사히 넘겼다. 관제실은 우렁찬 박수 소리로 가득 찼다. 관제실은 다시 긴장을 풀고 환한 미소를 띠었다. 탐사선은 이제 안전하다.

그러나 사이키는 긴장의 끈을 놓지 못했다. SCI가 기폭했다는 증거를 아직 확보하지 못했기 때문이다. "우와, 난 잘 모르겠다. 기뻐해도 되나? 기뻐하긴 일러."

13시가 지나자 잠시 자리를 비웠던 와타나베가 관제실로 돌아왔다. "좌우지간 DCAM3 영상에 분출물ejecta이 찍혀 있습니다." 그는 모두의 반응이 재미있다는 듯 바라보며 대수롭지 않다는 투로 말했다.

관제실은 술렁거렸다. "엥? 농담하지 마." "그렇게 빨리?" 다들 그렇게 말하며 우르르 관제실을 나가 운용실이라 불리는 데이터 해석실로 향했다. 관제실은 운용 중이라고는 믿을 수 없을 정도로 텅텅 비었다. 나는 관제실에 남아 상황을 예의 주시하려 했으나 참을 수 없었다. 내 두 발도 어느새 운용실로 향했다.

DCAM3가 보낸 신호를 한창 해석 중인 컴퓨터 앞으로 팀원들이 모여들었다. 사이키가 운용실 안으로 들어오자 모세의 기적처럼 사람들이 양쪽으로 갈라지면서 컴퓨터 앞까지 길이 열렸다. "분명히 찍혀 있네요." 무리 중 한 명이 말했다.

"농담하지 마." 사이키가 한마디 내뱉고 화면을 응시했다. 그 순간 그의 눈에 눈물이 고였다. 화면 속에는 류구 표면에서 부채꼴 모양으로 넓게 퍼지는 분출물이 찍혀 있었다. 의심할 여지 없는 임팩트 순간이었다. "대박! 진짜 해냈어!" 기뻐하는 사이키를 향해 사람들은 다시 박수를 보냈다(이미지 21).

고베대학의 행성 충돌구 전문가 아라카와 마사히코荒川政彦는 흥분을 감추지 못해 머리를 감싸쥐었다. DCAM3가 찍은 화상이 보여주는 임팩트 이후의 반응은 어마어마했다. 류구의 지질과 SCI의 충돌 에너지로 판단컨대 아라카와가 예측한 인공 충돌구보다 훨씬 큰 구멍이 생긴 듯했다. "나의 30년 연구는 모두 헛일이 됐구나. 이렇게 큰 충돌구가 생길 줄이야!" 아라카와는 얼마나 기분이 좋았는지 너털웃음을 터뜨렸

이미지 21   **분출물을 확인한 순간의 운용실.** ⓒJAXA

다. 새로운 현상을 두 눈으로 똑똑히 목격한 과학자의 순수한 기쁨이 담긴 반응이었다.

소행성의 이면으로 달아난 하야부사2는 2주일 걸려 다시 홈 포지션으로 돌아왔다. 그리고 쉴 틈도 없이 4월 23~25일 또다시 S01 지점 하강에 돌입했다. 임무는 인공 충돌구가 생긴 이후의 지형 측량이었다.

류구 상공 고도 1.7킬로미터에 도달한 하야부사2는 전후좌우로 움직이면서 SCI가 겨냥했던 지점을 중심으로 반경 200미터 지역을 샅샅이 촬영했다. 그 화상은 차례차례 모니터링실로 들어왔다.

관제실 PM석에 앉아 있던 나는 안절부절못했다. 정말 충돌구가 생겼을까. DCAM3가 찍은 화상으로 봐선 SCI가 적중한 게 분명했다. 하지만 임팩트 결과로 어떤 충돌구가 어디에 생겼는지 확인하기 전까진 완전한 승리라고 말하기는 이르다.

바로 그때, 백룸에서 화상을 확인하던 멤버가 별안간 '와앗' 하고 외치는 소리가 들렸다. "충돌구가 보여?" 나는 자리에서 벌떡 일어나며 물었다. "또렷하게 보여요!" 상기된 목소리가 들렸다.

화상에는 커다랗게 생성된 충돌구가 찍혀 있었다. 장소는 S01에서 북쪽으로 20미터 떨어진 곳. 꽤 깊어 보였다. 딱딱한 바윗덩어리의 방해로 충돌구는 완전한 원형이 되지 못하고 반달 모양으로 생겼다. 나중에 알았지만 SCI가 뚫은 충돌구의 지름은 14.5미터, 깊이는 2.7미터나 됐다.

"저기로 한번 내려가 봤으면….."

데라이가 충돌구 중심을 손가락으로 가리키며 중얼거렸다. 운용 멤버는 너나없이 입을 꾹 다문 채 뚫어져라 데라이를 쳐다보며 크게 한 번 고개를 끄덕였다.

충돌구 생성 과정, 충돌구의 세부 지형에 관한 모든 데이터가 손안에 들어왔다. 한때 NASA의 탐사선 딥 임팩트가 혜성에 충돌구를 만들려고 시도했지만 그것보다 훨씬 명쾌하게 충돌구 생성 과정과 생성 전후 상황을 밝힐 수 있는 성과를 거두었다. 이번처럼 완벽한 충돌구 생성 과정을 담은 데이터를 온전한 세트 통째로 획득한 일은 세계에 자랑할 만하다.

샌드위치 신세가 되어

인공 충돌구 생성 성공에 따라 프로젝트는 두 번째 터치다운 실현을 향해 움직이기 시작했다. 정말로 두 번째 터치다운을 실행에 옮길 수 있을까. 그런데 조짐은 심상치 않았다.

우선 첫 번째 터치다운 때 탐사선 바닥 쪽에 탑재된 카메라와 LRF의 센서가 탄환 발사 때 생긴 흙먼지로 더럽혀졌다. 일례로 터치다운 때 타깃 마커 추적에 사용한 카메라 ONC-W1의 경우 렌즈에 모래가 묻어 광량光量이 60퍼센트쯤 줄었다. 이런 상태에서 첫 번째 때와 똑같은 정확도를 유지하며 터치다운 할 수 있을지 의문이었다.

또한 가장 큰 장애물은 두 번째 터치다운 실시 여부를 둘러싼 논란이었다. 첫 번째 터치다운은 대성공이었다. 틀림없이 하야부사2 몸속에는 귀중한 별 부스러기가 들어 있을 것이다. 견줄 데 없이 자산가치가 올라간 하야부사2에게 한층 더 아슬한 위험을 감수하며 두 번째 터치다운을 시켜야 할 것인가.

하야부사2 팀은 이런 논란을 예견했다. 그래서 발사 전부터 돌다리를 두드려 보고 건너듯 논의하고 또 논의했다. '두 번째 터치다운은 우리 스스로 탐사선을 잃지 않으리라는 판단이 섰을 경우에 한해서 실시하자. 그리고 그런 판단이 가능하도록 전력을 다하자.' 그것이 프로젝트의 방침이었다. 그런데 우주연의 관리 파트에서 불어온 역풍은 생각보다 거셌다. 두 번째 터치다운은 꿈도 꾸지 마라. 60점으로 충분하니 이제 지구로 돌아오라. 그런 태도였다. 이만큼 성공을 거듭하고 있는데도 브레이크를 걸면 도대체 어쩌란 말인가.

하야부사2 팀은 주위의 그런 분위기를 심각하게 받아들였다. 설득력 있는 타개책을 필사적으로 찾았다.

JAXA의 공학 팀원과 NEC 팀원 모두 흙이 묻어서 초래된 LRF 센서의 성능 저하를 보완할 터치다운 방식을 짜내려 애썼다.

그중에는 터무니 없는 아이디어도 있었다. 가령 AOCS의 오노는 "나는 무슨 일이 있어도 두 번째 터치다운을 해보고 싶습니다"라며 감도가 떨어진 LRF를 쓰지 않는 신종 터치다운 방식을 몰래 검토했다. 그는 혼자 힘으로 탐사선 시뮬레이터를 이용한 대규모 시뮬레이션까지 돌려 실현 가능성을 증명해 보였다.

나는 나대로 모든 아이디어가 용도 폐기될 경우에 쓰려 했던 비장의 카드 터치다운 에어를 제안했다. 터치다운 과정에서 가장 두려운 순간은 소행성에 닿을 때다. 터치다운 에어는 땅에 닿지 않고 고도 1미터 수준의 극히 낮은 상공에서 탄환을 발사하는 것이다. 하야부사 1호기는 탄환을 쏘지 않고도 별 부스러기를 채취할 수 있었다. 그래서 내가 생각한 방법을 쓰면 류구의 부스러기가 조금이라도 표본채취관 속으로 들어올 것으로 봤다. 터치다운(땅 닿기)과 에어(공중)는 모순되지만 나는 그것이 기사회생의 방안이라 여겼다. "그걸 터치다운이라 부를 수 있을까요?" 하지만 팀 내에선 그닥 좋은 평가가 나오지 않았다.

나는 기술자로서 두 번째 터치다운을 꼭 해보고 싶었지만 프로젝트 매니저로서는 갈등에 빠졌다. 경영의 관점에서 보면 두 번째 터치다운을 할 필요가 없다는 의견은 충분히 이해된다. 그렇다 하더라도 일단 두 번째 터치다운은 실행 가능이라는 상태를 만들어 놓아야 말이라도 꺼낼 수 있다. 프로젝트의 의지를 관철하는 게 내게 주어진 일이었지만 나는 프로젝트 멤버들의 기대와 상층부의 압박 사이에 끼어 샌드위치 신세가 된 듯했다.

* * *

한편 팀 내에선 두 번째 터치다운의 착륙지점 선정 작업이 진행되고 있었다. 목적은 지하물질 채취다. 소행성을 태양계의 화석이라고들 하지만, 소행성 표면은 태양의 자외선과 우주방사선에 노출돼 변질되어 있다. 태곳적 태양계 정보를 싱싱한 상태로 유지하고 있는 곳은 지표가 아니라 지하다. 그래서 소행성 지하물질의 과학적 가치는 상상을 초월한다.

지하물질을 채취하려면 인공 충돌구 중심부를 향해 터치다운 하는 편이 가장 이상적이지만 위험한 지형이라 실행에 옮길 수 없을 듯했다. 다행히 DCAM3의 영상에 대량의 분출물이 찍혔다. 달리 말해 충돌구 주위에 대량의 지하물질이 떨어져 쌓여 있다는 뜻이다.

화상을 자세히 분석한 결과, 분출물은 충돌구 북쪽에 많이 쌓여 있고, 남쪽에는 거의 쌓이지 않았다는 사실이 드러났다(이미지 22). 아마도 충돌구 중심 부근에 있는 커다란 바윗덩이의 방해로 비산飛散(날아서 흩어짐)의 남북 편차가 생긴 듯했다.

SCI에 의해 만들어진 인공 충돌구.

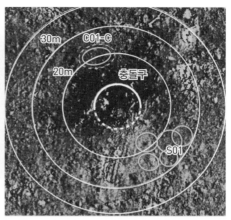

검은 부분은 분출물이 두껍게 퇴적된 구역.

이미지 22　인공 충돌구 생성 때의 분출물 퇴적 상태. ⓒJAXA, 도쿄대 등(왼쪽), ⓒJAXA, 고치대 등(오른쪽)

　프로젝트 팀에선 물리학·공학 파트 합동으로 착륙지점 선정회의를 여러 차례 열어 터치다운 후보지점을 좁혀나갔다. 첫 번째 터치다운 때 지름 6미터 구역을 직접 겨냥해 착륙에 성공한 것은 굉장한 일이었다. 핀포인트 기술 자체는 첫 번째 터치다운에서 확립했다(제4장에서 설명한 방식으로 말하자면 D미션을 건너뛰고 단숨에 F미션을 실현했다)고 말할 수 있기 때문에 인공 충돌구 주변에서 거의 동일한 넓이의 평탄 지형을 찾기만 하면 문제없을 거라고 봤다. 지름 6미터보다 넓은 착륙 후보지점을 찾아봤더니 이번에는 무려 11곳이나 눈에 띄었다.

　11곳을 놓고 물리학·공학 두 가지 관점에서 깊이 검토한 끝에 충돌구 북쪽에서 굴곡이 심한 C01구역과 남쪽에서 아주 평탄한 S01 구역, 이렇게 두 곳으로 좁혀졌다. 지하물질 찾기라는 측면에서 보면 C01이 적합하다는 데 의견이 거의 일치했다. 하지만 안전한 착륙을 우선시하면 S01 쪽이 단연코 낫다. 이전에 실시한 DO-S01 운용으로 S01 구역의 지형을 잘 알고 있다는 점도 안심을 주었다.

자산가치가 뛴 하야부사2를 위험에 빠뜨려선 안 된다. 지나친 욕심은 금물이다. S01에도 지하물질이 없지는 않을 것이다.

'S01 이외엔 방법 없음.' 착륙지점 선정회의의 결론이었다. 와타나베를 비롯해 과학적 성과 내기에 욕심이 많은 사이언스 팀도 그 의견에 손을 들어주었다.

SCI를 이용해 인공 충돌구를 뚫었으며 프로젝트 엔지니어로서 공학팀을 이끌어 온 사이키가 4월 29일 열린 회의에서 이 결론을 물고 늘어졌다. "이런 기회, 수십 년 내에 두 번 다시 오지 않습니다. 천재일우의 찬스입니다. 이 기회를 놓치면 인류 우주과학의 손실입니다. 우리들에게도 평생 한 번 있을까 말까 한 기회입니다. 정말로 이렇게 어정쩡한 지점을 선택해야겠습니까? 분명히 말하는데, 나는 지하물질이 있는 것으로 알려진 C01을 노려야 한다고 봅니다."

보통 때엔 신중한 사이키가 단호하게 말하길래 깜짝 놀랐지만 모두의 속마음은 사이키와 같았다. 하지만 하야부사2는 지구 귀환이라는 커다란 사명을 띠고 있었다. 감정이 아닌 이성이 'S01 이외엔 방법 없음'이라고 말하고 있었다.

비유하자면, 나는 퍼즐을 완성하기까지 조각 하나가 모자라다고 여겼다. C01으로 가고 싶어 하는 공학 팀의 소망을 채워주고 싶었다. 그러나 사이키엔 애석한 일이지만 S01을 선택해야 했다. 그렇다고 C01을 완전히 배제한 것은 아니었다. 다만 S01 쪽이 더 안전해 보였을 뿐이다. 논의를 확 뒤집을 호재가 어디선가 불쑥 나와준다면 더 바랄 게 없겠지만…. 실전 터치다운까지 아직 2개월 남았다. 순전히 육감이지만, 기다리면 마지막 퍼즐 한 조각이 내 손안에 들어오리라는 느낌이 들었다. 그럴 때는 진득하게 기다릴 필요가 있다. 나는 마음속으로 그렇게 정하고 S01을 두 번째 착륙 목표지점으로 하기로 했다.

왜 두 번째 착륙에 목맸는가

애시당초 하야부사2 프로젝트가 왜 두 번째 터치다운에 목맸는지 여기서 정리해 보겠다.

표면상의 이유는 처음부터 지하물질 채취를 프로젝트 목표(가능하면 실시하는 엑스트라 석세스)로 정했기 때문이다. 당초 계획대로 되어가고 있었기 때문에 목표를 변경할 이유는 없었다. 하지만 우리는 그보다 더 심오한 생각을 품고 있었다. 바로 달 이외 천체의 물질을 두 군데 이상에서 채취해 지구로 가져오는 것이다. 과학적으로 인류가 이뤄낸 적 없는 일이다. 한 천체의 두 지점 이상에서 나온 물질을 비교할 수 있다면, 그 과학적 가치는 단 한 지점에서 가져오는 경우보다 훨씬 크다. 또한 인류는 여전히 달 이외 다른 천체의 지하물질을 지구로 가져오지 못했다. 과학자에게 두 지점과 지하는 꿈에서만 그리던 최상의 목표였다.

한 천체에 두 번 이상 착륙할 수 있는 탐사 시스템. 공학적으로도 인류가 구현한 적이 없다. 이제 그 일을 생채기 하나 없는 하야부사2가 실현할 수 있는 상황이 됐다. 이런 기회는 수십 년 안에 다시 오지 않을지 모른다. 가뜩이나 손꼽을 만한 숫자의 일본 우주과학 미션 가운데 기술 수준을 수십 년 이상 진보시킬 수 있는 둘도 없는 기회를 맞이한 것이다. 그 기회를 놓치고 싶지 않았다.

바꿔 말하면, 두 차례 이상의 착륙을 실현할 시스템을 개발해 놓은 데다 기술적으로 성공할 공산이 있음에도 불구하고 기술과 무관한 이유로 두 번째 터치다운을 단념하면, 단연코 일본은 두 번 다시 이런 기회를 잡지 못할 것이다. 기술적으로 성공할 공산이 없어서 포기하는 건 어쩔 도리가 없다. 그러나 포기할 때 하더라도 막연한 불안감을 이유로 포기할 게 아니라 어디까지나 기술적 판단에 따르고 싶었다. 그렇게 하지 않으면 이번과 같은 기회가 찾아왔을 때에도 매번 앞으로 나아가지 못하고 회피하는 습성이 몸에 밸 것이다. 극단적으로 말하면, 그것은 공학이라는 기술 분야에 대한 배신으로 여겨졌다. 우주과학이 향후 나아갈 길을 위해 반드시 풀고 가야 할 중대한 문제라는 게 우리의 생각이었다.

또 다른 시각에서 봐야 할 점은 라이벌 NASA의 오시리스-렉스와 우리의 관계다. 그들도 착륙을 성공시킬 것이다. 그 결과 100그램 넘는 소행성의 표본을 채취할 것이다. 하야부사2는 표본량으로 오시리스-렉스와 경쟁할 의도는 없지만, 그럼에도 '오시리스-렉스와 동일하게 한 차례의 착륙을 성공시켜 겨우 0.1그램의 표본을 채취한 하야부사2'라는 사실만이 인류의 기억 속에 남으리라. 훗날 역사가는 무심코 '2019년 전후에 소행성 탐사의 과학사를 전진시킨 곳은 미국뿐'이라고 말할 것이다. 과학의 세계는 가혹하니까. 오시리스-렉스는 두 지점 표본이나 지하물질을 채취하지 않는다. 하야부사2가 이 두 가지를 실현하면 수십 년 이상 깨지지 않을 기록을 세우게 된다. 기술을 조금이라도 아는 사람은 두 지점·지하를 한 지점·지표면과 비교할 경우 기술 수준에서 하늘과 땅 차이가 있음을 금세 알아차릴 것이다. 우리는 일본 우주과학의 기술 수준을 보여주는 확실한 증표를 만들고 싶었다.

"이 결정은 과학사적으로 의의가 있다." 당시 나는 와타나베를 비롯한 다수의 팀원들과 그런 종류의 이야기를 나눴다. "후퇴할 때 하더라도 철저히 과학적인 판단에 따라 행동하겠다. 그러니 경영 판단을 우선시해서 포기하지 않겠다." 우리의 결심은 이랬다.

우리의 결심과는 정반대로 조직으로부터 승인을 얻는 일은 순탄치 않았다. 하지만 현장의 사기는 높았다. 기술적인 전열도 갖춰지고 있었다. 하지만 현장에서 한발 뒤로 물러나 바라보면 매니지먼트상의 장벽은 변함없이 높았다. 우주연 상층부는 필요 이상의 리스크를 감수해선 안 된다는 입장에서 단 한 치도 물러서지 않았다. 두 번째 터치다운 실현에 매진하겠다는 나의 생각이 이상한 것일까. 긁어 부스럼이 될지언정 지푸라기라도 잡자는 심정으로 프로젝트 바깥의 다양한 분들에게 의견을 듣기로 했다.

JAXA의 최고참 선배는 이런 말을 했다. "하야부사2는 애초에 최대 세 번 터치다운 하겠다고 선언했었잖아. 그 선언에 맞춰 만들고, 그 선언에 맞춰 날아서 성공을 거두었어. 그러니 두 번째 터치다운을 하겠다는 결정은 전혀 문제가 없어. 시도하지 않아도 문제는 없지만 말이야. 결국 너희들한테 달렸어. 냉철하게 판단해."

우주연 퇴직자 한 분은 "우주연다움이란 무엇인지 생각하게. 기술을 쌓아 올려 여기까지 왔으니 마지막까지 과학적으로 판단하기 바라네. 장담컨대, 여기서 과학적 판단을 굽히면 우주연은 도전을 모르는 곳이 되어버릴 거야"라고 말했다.

또 다른 우주연 선배는 "일본 우주과학의 규모는 작아. '60점이면 어떠냐' 하는 식으로 만족해 버리면 아차 하는 순간 다른 나라에 뒤처질 거야. 도전하지 않을 때의 리스크도 따져보게. 해야 할 도전을 당차게 하는 게 우주연에게 더 가치있지 않을까"라고 했다.

강한 반대에 부딪힐까 두려웠지만 프로젝트를 일관되게 밀고 나가라는 의견이 우세해서 나는 조금씩 자신감을 얻었다.

일반인들에게 받은 설문조사에선 하야부사2에게 큰 기대를 걸고 있음을 강하게 느꼈다. 모두 하야부사2를 응원하고, 걱정해 주었다. "첫 번째 터치다운 때 얻은 별 부스러기가 소중하니까 두 번째 터치다운은 필요 없다" "이만하면 충분하니 이제 돌아와도 된다"라는 등의 의견도 있었지만 "두 번째 터치다운을 해줬으면 합니다" "하야부사2 팀의 판단을 신뢰한다"라는 의견이 더 많아 기분 좋았다.

우리는 언론과 간담회를 열어보기도 했다. 언론이 프로젝트 쪽에 질문하는 게 기자회견이라면 간담회는 그 반대다. 프로젝트 쪽이 언론에 '두 번째 터치다운을 해야 할까'라고 묻고 조언을 구하는 회의를 열었다. 기자들은 당황한 듯했다. '왜 우리한테 묻지?'라는 표정을 지었다. 하지만 놀랍게도 그들은 자기 가족 일처럼 고민해 주었다. 하야부사2가 놓인 상황, 성능의 한계, 류구의 지형 등등. 기자들이 잘 이해해 줘서 고마웠다. 프로젝트가 뚜렷한 결심을 보여주면 이해를 얻어낼 수 있겠구나 하는 느낌이 들었다.

나와 친분을 맺고 있던 외국의 프로젝트 매니저급 사람들은 종종 나에게 연락해 조언을 하곤 했지만 이때만큼은 배려하는 마음에서 그랬는지 하나같이 조용했다. 간혹 직접 만나곤 했던 화성 탐사계의 전설 스티브 스콰이어즈 미국 코넬대학 교수는 "한 차례 성공시킨 것만으로도 당신들은 영웅이다. 두 번째 성공도 꼭 보고 싶다. 그렇지만 NASA라면 안 할 거야. 나도 권하지 않는다"라고 말했다. 그의 말이 해외 우주탐사계의 여론을 대변하는 것처럼 보였다. 나보다 경험이 훨씬 많은 분들의 의견이 무겁게 다가왔지만 한편으로 이 고비를 극복하면 자그마한 일본 우주과학이 새로이 열어젖힐 수 있는 세계가 있다는 믿음이 강하게 들었다.

특히 류구 표본을 내심 가장 기대하고 있을 학술계 표본분석 전문가들이 보여준 도전해 보라는 의견이 뜻밖이기도 했지만 든든했다. 도호쿠대학의 나카무라 도모키가 팀원들 앞에서 "나는 하야부사2의 공학팀을 믿습니다. 두 번째 터치다운을 꼭 해주세요"라고 말했을 땐 소름이 돋았다.

사이언스 팀의 총의를 모으는 일에 여념 없던 와타나베가 우주연 집행부 사람들 앞에서 발표한 결론도 박력 있었다. "손수 뚫어서 이제 막 생긴 충돌구를 눈앞에 두고 착륙할 것인지 말 것인지 곰곰이 따져보고 있다니. 인류가 최근 50년, 100년 새 이런 일을 겪으리라곤 전혀 상상이나 했겠습니까. 그런데 지금 우리는 그것을 하고 있습니다. 이 일을 실현한 공학 멤버들의 팀워크와 높은 사기는 정말 감동적입니다. 우리 사이언스 팀은 앞서 말한 것들에 뿌리를 둔 디시전(결정)을 신뢰하며, 공학 팀을 전적으로 지지합니다."

다방면에서 보내준 지지에 용기를 얻은 하야부사2 팀은 정성을 다해 JAXA 내부 모든 계층을 상대로 일일이 설명하며 설득 작업을 이어 갔다.

마지막 퍼즐 하나가 하늘에서 떨어졌다

그러던 차에 설상가상으로 프로젝트를 궁지에 빠트린 사태가 발생했다.

탐사선 강제중지가 발생한 것이다. 5월 16일, 두 번째 착륙을 위한 예비 작업으로 S01 구역에 타깃 마커를 떨어뜨리기 위해 하강 중이던 하야부사2가 고도 50미터에서 갑자기 긴급상승으로 전환했다. 홈 포지션에서 완벽한 유도에 따라 20시간에 걸쳐 하강했던 만큼 충격과 허탈감은 컸다. 강제중지 원인은 이번에도 LIDAR의 계측 이상이었다. 예전과 마찬가지로 강제중지 기능이 온전히 작동했기 때문에 팀은 위험을 느끼지 않았지만, 소기의 목적을 달성하지 못한 점은 뼈아팠다. 강제중지 사태로 두 번째 터치다운에 대한 조직의 역풍은 거세질 게 뻔했다.

아아, 두 번째 터치다운은 물 건너갔구나. 솔직히 그런 심정이었다. 팀원들은 아직 재도전의 기회가 있으니 괜찮다며 내 어깨를 두드려 주었지만, 이런 타이밍에 역풍을 부채질하는 빌미를 제공하고 말았다는 사실이 견디기 힘들었다.

나는 내 사무실로 돌아와 상당히 의기소침해진 채 차선책을 궁리했다. 그때 지바대학의 야마다 마나부山田学로부터 전화가 왔다. "강제중지 할 때 ONC-T가 촬영한 지형에 C01 구역이 떡하니 찍혀 있어요."

나는 후다닥 운용실로 달려갔다. 운용실에는 야마다 이외에 혼다 리에, 스기타 세이지 등 ONC 팀원들이 모여 있었다. 야마다는 화상들을 프린트해서 책상 위에 펼쳤다. 화상에는 C01 구역이 앞서 촬영된 것들보다 훨씬 선명하게 찍혀 있었다.

야마다가 나를 부른 이유가 있었다. C01 구역의 일부, 지름 6미터가량 되는 평탄 지형이 눈에 띄었던 것이다. 나는 그 화상을 본 순간, 쿵쾅

심장이 크게 한 번 울렸다. 이건, 혹시나 혹시나 했던 그것이 아닐까. 기다리고 기다리던 낭보가 아닐까. 나는 지체 없이 프로젝트의 주요 멤버들을 불러 사진을 보여주었다.

"이 지점, 평탄하지 않나? 이 정도 너비라면 착륙을 시도해 볼 만하겠지?"

프로젝트 엔지니어 사이키, 서브 매니저 나카자와, 시스템 담당 데라이는 일제히 고개를 끄덕였다. 지하물질이 풍부한 평탄 지점을 찾아내다니. 마지막 퍼즐 하나가 하늘에서 뚝 떨어진 것이다.

강제중지 와중에 이런 사진을 찍다니 참으로 용하다. 시스템 팀과 ONC 팀은 강제중지 때 무엇을 할 것인가에 대해서도 치밀하게 대비해 놓았던 것이다. 강제중지가 발생하면 꺾일 때 꺾이더라도 포기하지는 않겠다는 식으로 카메라 셔터가 마구 작동하도록 설정해 두었다고 한다.

"ONC는 넘어지더라도 빈손으로 일어서지 않는답니다."

야마다, 혼다, 스기타는 히죽히죽 웃었다.

신이 내려준 이 행운을 헛되이 해선 안 된다. 나의 낙담은 말끔히 사라졌다. 곧장 착륙 안전성을 파악하기 위해 사진 분석에 나섰다. 이때 프로젝트 팀의 움직임은 질풍과 같았다. 금요일에 의뢰한 분석은 '옳다구나' 맞장구치듯 히라타 나루, 히로타 도모카쓰, 미치카미 다쓰히로의 지형 분석을 거쳐 기쿠치 쇼타의 착륙 안전성 분석으로 이어졌다. 그리고 주말 지나 월요일에 C01 구역 중 C01-Cb 지점에 착륙 실시 가능이라는 결론이 나왔다. 프로젝트는 착륙지점을 C01-Cb로 삼는 방침 전환을 결정했다. 모든 프로젝트 인력에게 방침 전환이 통보됐다.

5월 28~30일에 실시된 하강운용의 목적은 C01-Cb 지점에 타깃 마커 떨어뜨리기였다. 그리고 이전과 달리 강제중지는 없었고, 겨냥했던 지점에서 불과 2.6미터 벗어난 곳에 성공적으로 타깃 마커를 떨어뜨렸다. 첫 번째 터치다운을 위한 타깃 마커 투하의 정밀도가 15미터였던 것과 비교하면 굉장히 좋은 성적이었다. 팀의 사기는 하늘을 찌를 듯했다. 누가 보더라도 최적의 장소, 지하물질이 풍부한 지점에 착륙할 수 있을 듯했다. '꼭 해내고 말리라'라는 강한 열망 아래 팀원들이 하나로 똘똘 뭉치고 있었음을 느꼈다.

* * *

현장의 터치다운 시퀀스 제작 과정은 창작의 고통이 끊이지 않았다. NEC와 JAXA가 주고받은 소통과 협력은 막힘이 없었다. NEC 자세·궤도 제어 시스템AOCS을 개발 당시부터 이끌어 온 마쓰시마 고타松島亭太는 분석 차이가 절대 발생하지 않도록 프로그래밍 언어처럼 논리적이고 비일본어적인 이메일을 따발총 쏘아대듯 JAXA에게 퍼부었다. JAXA에서 마쓰시마 로봇설說이 사실인 양 나돌 정도였다. 마찬가지로 NEC AOCS의 야스다 세이지保田誠司는 JAXA뿐 아니라 NEC 동료들이 어떤 트집을 잡더라도 말없이 웃는 얼굴로 받아주었다. 그리고 성심껏 시뮬레이션을 돌려 마침내 착륙 수순을 만들어 냈다.

렌즈에 묻은 흙먼지로 인한 센서의 성능 저하를 개선하기 위해 타깃 마커를 포착하는 고도를 30미터로 낮췄다. 첫 번째 터치다운 때의 고도는 45미터였다. 고도를 15미터나 낮추면 미세한 실수에도 지표와 충돌할 위험이 커진다. NEC의 시스템 담당자 마스다와 JAXA는 추락 방지를 위한 안전 설정의 튜닝을 막판까지 손에서 놓지 않았다. JAXA, NEC 가릴 것 없이 총력전이었다.

'해볼 테면 절대 실패하지 않는다는 것을 증명해 봐.' 우주연 상층부의 요구를 한마디로 요약하면 그것이었다. 그들의 가혹한 요구를 버텨낸 나의 정신적 지주는 팀원들의 남다른 자기비판 정신이었다. 착륙 가능성을 평가하는 회의가 여러 차례 열렸다. '이 팀은 진심으로 터치다운을 하고 싶은 걸까'라는 생각이 들 만큼 짓궂은 질문을 서로서로 던졌다. "타깃 마커와 닮은 돌이 있으면 어떡하지?" "착륙 직전에 LRF와 LIDAR가 동시에 파손되면 무슨 일이 벌어질까?" "게다가 그 순간에 바로 밑에 있는 돌의 키가 예상치보다 1미터 이상 높다면?" 등등. 남들이 보면 소모전으로밖에 안 보이는 논의가 거듭되었는데, 이 질문들은 내 고민거리를 말끔히 날려버렸다.

터치다운 성공의 반대는 실패가 아니다. 강제중지 혹은 추락이다. 강제중지의 경우 하야부사2의 안전은 지킬 수 있으니 문제가 되지 않는다. 재도전의 여지라도 있다. 하지만 추락은 무슨 일이 있어도 피해야 한다. 우리는 강제중지 확률이 높아지는 희생은 감수할지언정 추락은 발생하지 않을 법한 착륙 수순을 몇 번씩이나 고쳐가면서 완성했다.

6월 24일, JAXA 내부의 결정이 내려졌다. 프로젝트가 제시한 '터치다운이 성공하지 못해도 탐사선을 상실할 확률은 최소화하겠다' '두 번째 터치다운 도전의 가치는 어마어마하다'라는 우리 주장이 받아들여졌고, 7월 11일에 두 번째 터치다운(운용명 PPTD)을 실시하는 것으로 정해졌다.

주사위는 던져졌다. 자, 하야부사2여, 이제 너에게 바통을 넘기마. 완벽한 터치다운을 보여다오!

태양계 역사의 부스러기를 손에 넣다*

7월 11일, 나는 류구 상공 200미터까지 내려갔다. 내 발 밑에는 온통 거멓고 거친 대지가 펼쳐져 있겠지. 저 아래 있는 착륙지점은 아직 안 보인다. 사가미하라 동료로부터 마지막 지시가 왔다. 완전자율비행으로 이행하라는 지시. 즉 Go 명령이다.

이제부터 나 홀로 착륙을 시도해야 한다. 괜찮다. 사가미하라 동료들이 힘을 모아 만들어 준 프로그램대로 하면 잘될 것이다.

LIDAR는 지형의 굴곡을 정밀하게 반사해 고도를 측정하고 있다. 좋아, 됐어. 계측 수치는 순조롭게 내려가고 있다.

고도 30미터. 일단 멈추자. 여기서 저이득 안테나low gain antenna로 전

---

* 이 꼭지는 저자가 탐사선에 감정이입 해 탐사선 일인칭 화법으로 썼다.

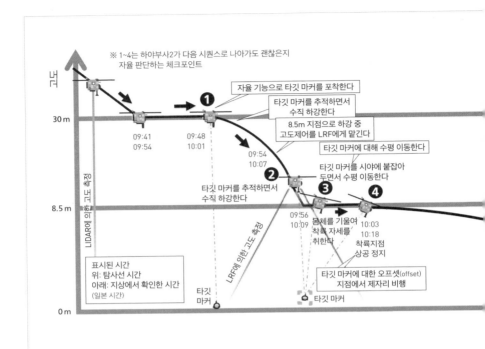

이미지 23   두 번째 터치다운의 저고도 시퀀스.

환해야 한다. 사가미하라에 계신 여러분, 이제부터 지표에 대한 제어에
집중해야 하니 통신이 나빠져도 참아주시오.

류구가 자전하고 있기 때문에 내 바로 밑에 있는 지표는 1초마다
10센티미터씩 왼쪽에서 오른쪽 방향으로 움직인다. 타깃 마커를 비춰
야 하니 플래시를 켜자. 이 부근에 타깃 마커가 있을 텐데….

있다! 타이밍이 계획대로다. 이것만 놓치지 않으면 나는 정확하게
착륙할 수 있다. 추력기를 신중하게 내뿜어서…. 타깃 마커야 제발 시

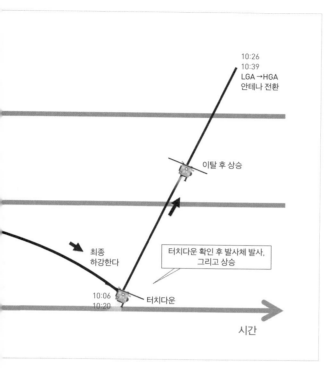

야 한가운데로 들어와 다오. … 그렇지, 잡았다. 이대로 천천히 다시 하강하자.

20미터 아래로 내려가면 LIDAR는 쓸모없다. 잠시 중력에 몸을 맡기자. LRF가 반응하지 않으면 나는 추락한다. 그래도 걱정하지 않는다. 사가미하라에서 만들어 준 이중 삼중의 추락 방지 설정이 듣고 있다. 믿고 자유낙하.

됐어. LRF가 반응하기 시작했다. 고도 17미터. 하강 속도를 낮추자.

타깃 마커는 아직도 내 시야의 가운데 있다. 고도 8.5미터에 도착. 여기서 일단 하강을 멈추고, 중심을 응시하면서 방향을 살살 바꾸면…. 이 타이밍에 재빨리 힙업 자세를 취해 전 과정의 시간을 절약한 건 첫 번째 터치다운 이후 개선된 점이다. 이로써 착륙 태세는 갖췄다.

다음은 게걸음이다. 측면 추력기를 살짝 분사해 수평으로 약 3미터 움직인다. 타깃 마커가 시야 바깥으로 밀려난다. 순항, 순항. 게걸음 완료. 그럼, 이제 바로 밑으로…. 저것 봐, 있다! C01-Cb 지점이 보인다.

침착하게 4분만 기다리자. 심호흡하고 충분히 태세를 갖춘 후, 이제부터 마지막 자유낙하다. 위쪽 추력기를 1초 분사. 아이쿠, 반동으로 자세가 살짝 흐트러졌다. 표본채취관도 시계추처럼 흔들리고 있다. 흔들림이 멎을 때까지 기다렸다가 터치다운 체크 스위치 ON.

그대로 살며시. 지표까지 2미터, 1미터, 50센티미터, 10센티미터 … 터치다운 체크! 탄환 발사! 급속 상승!

사가미하라, 똑똑히 보았는가? 나, C01-Cb 지점에 터치다운 했단 말이야. 이 기쁨을 전달하려면 14분이나 걸린다지. 전파가 느려 답답하다.

착륙했던 자리에서 분출한 무수한 파편이 마치 꽃보라처럼 비상 중인 내 주위를 팔랑팔랑 돌면서 에워싸더니 앞질러 간다. 류구가 보내는 축하 메시지일까. 아니면 깜짝 놀라서 그런 걸까. 햇빛을 받아 반짝이는 무수한 류구의 파편과 그 너머로 보이는 은하의 별들 품 안에서 보호받는 기분으로, 위쪽으로 더 위쪽으로…. 고도 900미터에 도달한 걸까.

슬슬 고이득 안테나를 지구 쪽으로 펼쳐보자. 고속통신 개시. 지구로 송신.

"나는 정상. 순서는 모두 지켰다. 탄환 발사구가 뜨겁다."

터치다운 성공을 알리는 3개의 키워드다. 다들 기뻐해 줄까.

내가 내려간 위치는 목표지점으로부터 단 60센티미터 어긋났다. 그들과 함께 힘을 모았더니 이만큼 정확하게 착륙할 수 있었다. 아, 사가미하라에서 표본 컨테이너를 밀폐하라는 지시가 왔다. 사가미하라 동료들이 나의 성공을 확인했겠구나. 이제 표본 밀봉도 완료.

이봐요, 지구인 여러분, 제가 태양계 역사의 부스러기를 손에 넣었어요.

쌍목걸이를 걸다

두 번째 터치다운 성공으로 사가미하라는 물론, 일본 전역이 환희에 휩싸였다. 2억 4,000만 킬로미터 머나먼 곳에서 오차 60센티미터에 불과한 정밀함으로 탐사선을 성공적으로 착륙시킨 일은 세상을 깜짝 놀라게 했다. JAXA 내부도 걱정이 컸던 만큼 지옥에 떨어졌다 천국으로 올라온 듯 기뻐했다.

착륙에 성공한 그날 열린 기자회견에서 내가 매긴 점수는 100점 만점에 1,000점. 팀의 솔직한 심정을 표현한 말이었다. 고뇌 속에서도 마지막까지 과학적 판단만 따랐던 터라 비과학적이지만 감성을 건드리는 단어 하나쯤은 쓰고 싶었다.

성공의 여운을 프로젝트 외부 사람들에게 다 넘겨주고 프로젝트 팀은 곧바로 소행성 근접 단계의 총정리 작업에 매달렸다. 미네르바II-2를 류구로 내려보내기. 그것이 우리들의 마지막 미션이 될 터였다.

사실 도호쿠대학 등이 제작한 미네르바II-2 로버는 탐사선 발사 이후 쭉 상태가 안 좋았다. 비행 중에 실시한 동작 테스트에서 어찌 된 일인지 로버의 메인 컴퓨터가 작동하지 않았다. 그래도 통신기기는 작동했다. 그런 상태에서 착륙시켜 봤자 얻을 게 별로 없다.

그러나 상태는 안 좋아도 대학 팀이 제 자식처럼 힘들게 기른 로버 아니던가. 그들 역시 10년의 세월을 보내고 또다시 3년간 우주비행을 거쳐 3억 킬로미터 밖 천체까지 힘겹게 도달했다. 손만 살짝 뻗으면 닿을 수 있는 거리까지 왔다. 그들의 노력을 물거품으로 만들고 싶지 않았다. 어떻게 해서라도 미네르바II-2를 류구로 보내고 싶었다.

이 때문에 부활한 것이 우주역학 연구회에서 남몰래 검토해 온 류구 궤도 공전 계획이다. 이 방안은 원래 하야부사2 본체를 류구 궤도를 따라 공전시키는 내용이지만 약간 수정하면 미네르바II-2도 궤도를 따라 빙빙 돌 수 있을 듯했다. 통신 기능이 살아 있는 미네르바II-2를 궤도비행 시키면 중력장의 정밀 계측 등 그 상황에서 최선의 성과를 기대할 수 있었다.

작전의 내용은 이랬다.

우선 9월에 타깃 마커 2개를 류구 공전궤도에 연습 삼아 투입한다. 타깃 마커는 모두 5개인데, 두 차례 터치다운에서 1개씩 사용했으니까 남은 건 3개다. 그러니 그중 2개를 유효하게 써먹을 수 있다. 연습 투입을 통해 궤도 투입 기술을 확보한 후 만전을 기해 미네르바II-2의 실전 궤도 투입을 감행한다는 계획이었다.

팀은 두 번째 터치다운에서 기술적으로도, 경영관리 측면에서도 모든 힘을 다 소진했다. 그런 상태에서 이처럼 완전히 새로운 도전을 가능케 한 것은 오랜 시간에 걸쳐 팀에 배어든 '일단 해봐' 정신 덕분이다.

2012년 출범한 우주역학 연구회에서 학생 혹은 신입 사원 신분으로 재미 삼아 소행성 궤도비행 기술을 접했던 멤버들이 이 계획의 핵심으로 활약했다. 주력 부대의 전력을 다 써버린 후 패기에 찬 신참 부대의 전력을 전면에 배치한 꼴이다.

2019년 9월 17일, 하야부사2는 고도 1킬로미터에서 첫 번째 타깃 마커를 초속 13센티미터로, 두 번째 타깃 마커를 초속 12센티미터로 살며시, 그리고 정확히 떨어뜨렸다. 모선을 떠나 자유운동에 몸을 맡긴 두 타깃 마커는 햇빛을 받아 반짝거리며 소행성 둘레를 돌기 시작했다. 그 모습은 마치 용궁 공주 오토히메의 목을 감고 있는 쌍목걸이 같았다. 두 타깃 마커는 약 3일 동안 류구 주위를 네 바퀴가량 돌다 땅 위로 떨어졌다. 최종적으로 지표에 도달한 것을 포함해 모든 것이 계획된 대로 이뤄졌다. 위아래 방향, 즉 극궤도를 탄 타깃 마커는 스푸트니크, 좌우 방향,

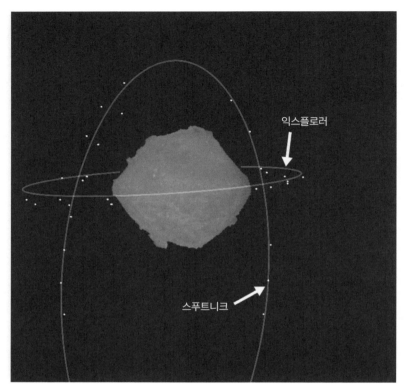

이미지 24 **류구를 도는 두 타깃 마커의 궤적.** (저자 작성)

즉 적도궤도를 따라 회전한 타깃 마커는 익스플로러라고 불렀다. 우주 개발의 여명기에 지구 둘레를 궤도비행 한 위대한 인공위성 2개의 이름을 땄다(이미지 24).

　10월 3일, 똑같은 작전 아래 이번에는 도호쿠대학 등이 만든 미네르바II-2를 류구의 적도궤도에 투입했다. 대성공이었다. 걱정했던 미네르바II-2의 전파도 무난히 수신했다. 미네르바II-2 팀은 지표 탐사 로봇용으로 만든 미네르바II-2를 궤도비행 시킨 후 마지막엔 땅에 착륙시키기를 바랐다. 결국 미네르바II-2는 1.25바퀴 비행하고 나서 류구에 착륙했다. 미네르바II-2가 류구에 착지한 지 얼마 안 지나 하야부사2는 미네르바II-2의 전파를 수신했다. 미네르바II-2는 자전하는 류구의 지표 위에 있고, 하야부사2는 상공에 정지해 있었다. 하야부사2가 미네르바II-2를 볼 수 있는 위치에선 전파 수신이 가능하지만, 보이지 않는 쪽으로 돌아가 버리면 류구에 막혀 전파 수신이 불가능하다. 자전과 연동된 전파의 수신 및 단절을 통해 지표면 도달 여부를 판정할 수 있었다. 류구 상공을 360도 이상 돌아 지표에 도달한 미네르바II-2는 우룰라ulula(올빼미의 라틴어)라는 이름이 붙었다.

두 타깃 마커와 미네르바II-2는 정확한 공전궤도로 들어갔으나 류구의 중력장이 균일하지 않은 탓에 궤도가 점점 흐트러져 땅 위로 떨어지고 말았다. 궤도가 흐트러지는 양상을 알면 류구의 중력장을 계산할 수 있다. 더 나아가 류구의 지하 구조를 대략 가늠할 수 있다.

전화위복이었다. 대학 팀도 만족했고, 우리도 예정에 없던 성과를 덤으로 얻었으니까.

그 밖에도 만족스러운 것은 많았다. 소행성 궤도비행에 악착같이 매달려 성공을 거둔 것, 프로젝트가 한계에 봉착할 것을 내다보고 미리 마련해 둔 카드가 제대로 먹힌 것, '하야부사2는 류구에서 기술적으로 할 수 있는 모든 걸 다 쏟아부었다'라고 말할 수 있는 상황을 만들어 낸 것 등이다.

하야부사2에 탑재된 로봇 넷의 도전은 모두 성공으로 막을 내렸다. 하야부사 1호기의 미네르바가 착륙에 실패한 지 14년 만에 그 실패를 만회하고도 남는 성과를 올렸다.

바야흐로 하야부사2의 류구 탐사 여정의 끝이 보이고 있었다.

축제가 끝나고

2019년 11월 13일, 하야부사2는 홈 포지션을 벗어났다. 초속 10센티미터로 천천히 류구를 떠났다.

류구 탐사의 수확물은 많다. 공학기술 관점에서 보면 세계 신기록 7개를 작성했다.

(1) 소형 탐사 로봇이 소행성 표면을 이동하며 조사

(2) 2개 이상의 탐사 로봇을 소행성 위로 투하하고 전개

(3) 행성 착륙 정밀도 60센티미터를 실현

(4) 인공 충돌구 생성과 그 과정 및 전후前後를 자세히 관측

(5) 동일 천체의 두 지점에 착륙

(6) 지구권 바깥에 있는 천체의 지하물질에 접근

(7) 소행성 궤도를 도는 2개 이상의 가장 작은 인공위성의 실현

하야부사2가 설정한 완전성공 조건(풀 석세스)에 부합하는 것은 (1)과 (4)(4의 경우 일부분)다. 그러니 얼마나 예상을 뛰어넘은 성과를 거뒀는지 알 것이다. 나는 공학적 성과도 성과지만 그것을 일궈낸 팀 구성에 성공했다는 사실이 만족스럽다.

류구 곳곳에 지명도 붙였다. 그것이 가능했던 점도 최초 탐사의 묘미다. 지명들은 흥미롭다. 자화자찬이지만 지명만 봐도 하야부사2 팀의 천진무구한 도전 정신과 과학에 대한 진지함이 드러난다.

류구 적도 위 가장 큰 충돌구의 지명은 우라시마 충돌구, 남극에 위치한 이국적인 거대 바위는 오토히메 암괴, 적도 전체를 거대한 용처럼 빙 두른 산은 류구 산등성이가 됐다. 그 밖에 모모타로 충돌구와 그 충돌구의 허리춤에 위치한 수수경단 충돌구, 프랑스어로 신데렐라를 뜻하는 상드리용 충돌구 등도 있다. 모두 국제천문학연합IAU의 승인을 받은 인류의 공식 지명이다. 그리고 공식 지명은 아니지만 하야부사2에게 소중한 장소는 별명을 붙였다. 미네르바II-1 착륙지점의 명칭은 트리토니스*, 마스코트의 착륙지점은 이상한 나라의 앨리스, 첫 번째 터치다운 지점은 보물상자, 두 번째 터치다운 지점은 마법의 망치**, 인공 충돌구는 데굴데굴 주먹밥***이다.

때때로 전문가들의 의견도 들어가며 아주 진지한 회의를 수차례 연

---

* 그리스 신화에서 미네르바가 도착한 호수.

** 두드리면 원하는 것이 나오는 망치로 일본 고전 설화에 등장한다.

*** 『흥부전』처럼 선과 악을 대비시켜 인과응보의 교훈을 강조하는 일본 고전 설화에 등장하는 주먹밥.

끝에 지은 지명이 이런 것들이었으니 하야부사2 팀이 얼마나 탐사를 즐겼는지 짐작할 것이다.

인공 충돌구 안쪽에는 큼직한 바위 2개가 있다. 충돌기의 충격을 버티며 인공 충돌구의 모양새를 결정지은 흥미로운 바위다. 두 바위에는 각각 이지마 바위, 오카모토 바위라는 이름을 붙여주었다. 하야부사2 개발에 힘쓰다 류구를 보지 못하고 갑자기 돌아가신 과학자의 이름을 땄다.

그렇다면 중요한 과학적 성과는 어땠을까. 당연히 크고 알차게 영글었다. 프로젝트 사이언티스트 와타나베 등이 쓴 제1호 성과논문을 비롯해 하야부사2가 보여준 새로운 소행성의 세계가 유력 과학 잡지에 잇따라 게재됐다. 류구는 돌들이 미소중력micro gravity으로 느슨하게 뭉쳐 있는 잔해물의 집합소(전문용어로 러블 파일rubble pile)임이 밝혀졌다. 또 팽이 모양으로 미루어 보건대 류구는 한때 자전주기 3.5시간 이하의 속도로 빠르게 회전했다는 사실도 밝혀졌다.

기타자와 등은 NIR3의 관측 데이터에서 물 성분을 찾아냈다. 끈질긴 분석과 각고의 노력 끝에 얻은 결실이다. 물의 존재를 알려주는 2.7미크론의 파장을 흡수한 신호에서 노이즈noise를 가려내 류구 표면에 함수광물含水鑛物 형태로 물이 존재한다는 사실을 증명했다.

더 흥미로운 결과물은 류구를 찍은 화상에서 나왔다. 류구 표면에 있는 돌의 색조와 형질로 류구가 태어난 고향을 추정했다. 소행성은 태양계 내에서 충돌과 분열, 그리고 이합집산을 되풀이하는 것으로 알려져 있다. 류구의 고향母天体(모천체)은 화성과 목성 사이에 있는 소행성 대asteroid belt의 큰 소행성 폴라나Polana(지름 55킬로미터) 혹은 유랄리아Eulalia(지름 37킬로미터) 가운데 하나인 듯하다.

마스코트가 지표 위에서 촬영한 클로즈업 사진을 통해 류구의 암석이 지구에서 발견되는 탄소질 콘드라이트라는 타입의 운석과 비슷하다는 사실도 드러났다. 운석은 소행성의 자식이다. 류구의 암석은 지구상에 풍부하게 존재하는 운석 연구를 크게 진전시킬 것으로 보인다.

SCI에 의한 인공 충돌구 생성도 보기 드문 과학적 성과다. 충돌구가 이번처럼 큼지막하게 생긴 이유는 표면강도(돌들이 뭉친 정도)가 약하기 때문임을 시사한다. 표면강도는 만져보지 않으면 알 수 없기 때문에 SCI가 전해준 과학적 정보는 귀중하기 그지없다. 표면강도와 더불어 류구 표면 위에 산재한 자연 충돌구의 분포 상태를 통해 류구 표면의 나이는 대략 1,000만 년인 것으로 판명됐다. 뜻밖에도 류구는 자신의 표정을 자주 바꿨을 가능성이 있다.

하야부사2가 밝혀낸 여러 가지 과학 데이터는 소행성의 일생, 더 나아가 태양계 역사의 신비를 풀 새로운 열쇠다. 인류의 과학적 사고가 앞으로 한 발짝 더 내디딘 셈이다.

2019년 11월에 오시리스-렉스 미션의 본거지 미국 애리조나주 투손에서 하야부사2와 오시리스-렉스의 공동 워크숍이 열렸다. 동시 진행되는 두 표본회수 미션의 과학자들이 최신 연구 성과를 들고 그곳에 모였다.

하야부사2가 대성공을 거둔 이후이니만큼 행사는 대성황이었다. 오시리스-렉스가 도달한 베누도 팽이형 소행성으로 류구와 붕어빵이다. 우리가 고생한 것처럼 그들도 지표면의 거친 굴곡에 애를 먹었다. 단테 로레타가 이끄는 사이언스 멤버도, 오시리스-렉스 탐사선의 제조업체인 록히드마틴 멤버도, NASA 멤버도 귀를 쫑긋 세우고 하야부사2의 착륙 과정을 들은 후 많은 질문을 쏟아냈다.

진지한 토론이 끝나고 열린 저녁 만찬에서 막간에 흥을 돋우는 코너가 있었다. 무대 위로 오른 사람이 "상대편 미션에는 있는데, 우리 미션에는 없어서 부러웠던 것은?" 따위의 질문을 던지면 두 미션의 대표 선수가 답변해 가는 식이었다.

ONC 팀의 스기타는 "눈알이 큰 오시리스의 카메라가 부러웠습니다. 역시 뭐든 큰 것이 좋지요"라고 답해 웃음을 자아냈다. 단테는 "타깃 마커입니다. 그것만 있으면 우리도…"라고 말했다. 그때 나는 자리에 앉은 채 큰 소리로 "하야부사2한테 남은 게 하나 있어요~. 드릴까요?"라고 했다. 여기저기서 반응했다. "그거 탐나네요." "류구에서 베누로 타깃 마커를 던져주시오." 만찬장은 웃음소리로 가득 찼다.

두 가지 표본회수 미션이 동시에 진행되고 있다니. 이 전무후무한 사건이 새삼스럽게 다가왔다. 라이벌이자 동지인 관계. 그런 관계 탓에 서로 미션을 절차탁마했다. 바다 건너 땅에서 오시리스-렉스는 매우 지혜롭게 헤쳐가고 있다. 그 점은 하야부사2가 하려는 도전을 JAXA 상층부에 설득할 때 큰 도움을 주었다. 빈말이 아니다.

오시리스-렉스도 베누 지형이 거칠어서 착륙방식을 수정하거나 일정을 연기했다. 단테가 직면한 벽, 결단해야 하는 자의 고독감을 나는 너무 잘 안다. 단테 역시 그럴 것이다. 단테는 가끔 내게 이메일을 보냈는데, 그 덕에 나는 여러 번 힘을 얻었다.

"여기 계신 양 팀 여러분 이외에 또 다른 둘, 우리가 감사해야 할 분들이 있습니다." 나는 워크숍 마무리 연설에서 진심 어린 마음으로 입을 뗐다. "바로 류구와 베누입니다. 이 두 분이 비등비등하게 어려운 천체라서 정말 다행이지 않습니까?" 류구와 베누가 난이도에서 큰 차이가 났더라면 양 팀의 관계는 미묘해졌을 것이다. 양 팀의 참석자들은 잠깐 서로 마주 보더니 굳은 얼굴 근육을 풀며 활짝 웃었다. 만찬장 여기저기 웃음이 샘솟고, 서로 상대 팀을 호명하며 박수를 보냈다. 양 팀을 결속시킨 팽이형 소행성 두 분에게 건배!

류구가 서서히 작아지고 있다. 천체가 시야에서 사라질 때까지 하야부사2는 찰칵찰칵 카메라 셔터를 눌렀다. 멀어져 가는 소행성의 모습은 전 세계에 공개됐고, 세계인의 메시지가 쇄도했다.

고마워 류구. 잘 있어 류구. 다시 만날 날까지.

Hayabusa2,
an asteroid sample-return mission
operated by JAXA

지구로의
귀환

하야부사2는 무엇이었나

하야부사2의 귀환 비행은 순조롭게 진행되고 있다. 돌아오는 길은 지구를 인터셉터(교차)하는 궤도다. 2,800시간 동안 이온엔진을 분사해야 한다. 방심할 수 없는 운용이 이어지지만 종착점은 차츰 가까워지고 있다.

하야부사2가 보여준 류구의 세계는 많은 과학적 지식을 안겨주었고, 과학자에게 새로운 영감을 주었다. 류구에 도착해 탐사 상황을 전파로 알려줬을 뿐인 현 단계에서도 이만큼 경이로운 세계를 보여주었으니 류구의 표본이 지구에 도착했을 때 우리 인류에게 무엇을 안겨줄지 자못 기대된다. 얼마 남지 않은 그 순간이 기다려진다.

한편 공학의 관점에선 최대의 도전이었던 류구 탐사에서 누구도 부인 못 할 성과를 얻었다. 이 성과들은 다음 세대가 맡을 우주탐사의 토대가 된다. 하야부사2 기술을 발판으로 삼아 향후 미션을 연구할 수 있기 때문이다.

실제로 탐사를 이뤄낸 우리 자신도 도무지 예상하지 못한 감각의 변화를 체감하고 있다. 1미터 이하의 정밀도로 소행성에 착륙, 2개 이상의 지점에서 물질 채취, 땅속 굴착, 지상 탐사에 로봇 이용, 궤도 돌기. 이 모든 것을 해냈으니 소행성을 과학적으로 조사하는 기술만 놓고 보면, 적어도 태양계 내 수천 개 소행성은 우리 기술로 충분히 탐사 가능한 수준에 도달했다고 말할 수 있다. 하지만 슬프게도 나는 공학자로서 어지간한 기술은 만족하지 못하는 체질이 되어버렸다. 이제 착륙 정밀도가 아무리 높거나, 아무리 큰 구멍이 뚫려도 놀랍지 않다. 이젠 더 뛰어나고 더 흥미로운 기술이 문득문득 머릿속에 떠오른다(구체적인 내용은 앞으로를 기대하시길). 우리는 더 놀라운 탐사를 할 수 있을 것이다. 앞으로 우주공학의 새로운 지평을 보게 될 것이다. 하야부사2 프로젝트를 하기 전에 상상했던 하야부사2 이후의 세상보다 훨씬 더 멀리 내다볼 수 있는 능력이 생겼기 때문이다.

하야부사 1호기는 소행성 표본으로 가는 길을 열어놓은 선구자였다. 그리고 하야부사2는 당당하게 소행성 표본회수라는 세계를 열었다. 선배가 열어놓은 길을 계승하면서 길을 만든 당사자도 상상하지 못한 수준으로 발전시켰으니 계승과 혁신 두 가지 역할을 다한 셈이다. 지구 귀환의 성공 여부를 모르는 현시점에서도 후배의 역할을 100퍼센트 이상 해냈다고 본다.

태양계에는 류구보다 더 크거나 더 먼 천체가 수십만 개 있다. 하야부사2의 기술을 향상시키면 인류가 아직 가지 못한 천체의 탐사도 꿈만은 아니다. 기술과 과학의 지평을 넓히는 길이 그곳에 있다.

* * *

잠시 하야부사2가 안겨준 과학적 성과의 의미를 곱씹어 보자.

대다수 사람에게 하야부사2와 같은 탐사 미션이 주는 흥미로움은 탐사의 성과보다 고난에 부딪히고, 그것을 극복하려는 도전의 과정에서 기인하는 듯하다. 나 역시 그런 부류다. 하지만 이것과 하야부사2가 과학에 공헌했는가, 그렇지 않은가 하는 문제는 별개다.

도전에는 두 종류가 있다. 하나는 제약에 대한 도전, 또 하나는 미지에 대한 도전이다. 둘의 성격은 전혀 다르다. 전자는 인류의 지혜를 한데 모으면 원리적으로는 실현 가능한 것을 돈, 인력, 시간 등이 한정된 상태에서 어떻게 효과적·효율적으로 수행하느냐와 관련 있다. 달리 말하면, 실천학문 차원의 도전이다. 반면 후자는 애초에 원리가 파악되지 않은 목표를 어떻게 달성하느냐, 모르는 세계를 어떻게 앎의 세계로 바꾸느냐에 관한 것이다. 인류의 근원적인 호기심에 답하는 행위다. 그래서 기초과학을 진전시키는 것은 미지에 대한 도전이다. 미지에 대한 도전은 인류의 공통 가치를 높이는 일이기 때문에 전 세계 과학자들이 하야부사2를 통해 하나가 되었고, 전 세계가 하야부사2의 성과를 칭찬

했다.

JAXA는 처음에 하야부사2의 두 번째 착륙계획 앞에서 주저했다. 속으론 두 번의 착륙이 얼마나 가치가 큰지 알면서도 말이다. 과학자는 두 번째 터치다운 착륙지점으로 둘 중 하나를 선택해야 하는 상황에 내몰렸을 때 처음엔 지하물질은 적지만 안전상 무난한 S01 지점을 희망했다. 속으론 C01 지점의 가치가 월등히 높다는 사실을 알면서도 말이다. 두 경우 모두 하야부사2를 둘러싼 제약을 감안해 최고의 가치를 추구하는 일에 제동을 건 셈이다. 두 번의 착륙을 시도한 나라는 세계 어디에도 없기 때문에 하야부사2의 미지에 대한 도전은 밑져야 본전이었다.

하지만 최종적으로 하야부사2는 C01이라는 최상의 장소로 두 번째 착륙을 감행해 성공했다. 미지에 대한 도전을 가장 멋들어지게 완수한 것이다. 사실 우주과학 미션의 역사를 통틀어 순수하게 과학적 욕구에 충실히 부응해 탐사가 이뤄지는 경우는 극히 드물다. 모종의 타협이 끼어들기 마련이다. 그래서 류구 착륙의 경우처럼 큰 난국에서 제약을 돌파하며 순수하게 과학적 욕구를 드러내면서도 아무런 타협 없이 미지에 대한 도전을 완수했다면 그 가치는 얼마나 크겠는가.

여기에선 두 번째 착륙을 예로 들었지만, 하야부사2가 류구에서 펼친 활동 가운데 미지에 대한 도전과 그 성공이 빛을 발하는 장면은 수두룩하다.

개인도 조직도 항상 현실이란 굴레에 얽매여 있다. 그 굴레가 순수한 도전을 가로막는다. 우리는 용의주도하게 그 굴레를 끊어내고 '진정한 도전을 할 수만 있다면 상관없다'라는 마음을 견지했다. 그래서 도전했고, 그리고 성공했다. 우리가 과학기술에 크게 공헌한 점은 미지에 대한 도전으로 가는 입구를 활짝 열어젖힌 것이 아닐까 한다.

이렇게 말하면 제약에 대한 도전의 중요성이 떨어지는 것처럼 보이지만, 그렇지 않다. 실제로 하야부사2 팀은 탐사선이 류구에 머물 때 탐사 성과보다 탐사 과정을 알리는 데 힘썼다.

탐사를 맡은 당사자로서 성과만으로 평가받을 땐 매우 안타깝다. 직면한 고난과 고민, 닥쳐올 일들과 선택지, 작업의 순항과 좌초. 이 모든 것을 보여줌으로써 새로운 세계를 탐색하는 활동의 리얼함을 조금이라도 어린이들에게 전달하고 싶었다. 또한 미지의 천체라는 극한 환경에서 펼쳐지는 기술 매니지먼트의 모든 것을 전 세계 사람과 공유하고 싶었다. 그 결과 유치원생부터 나이 지긋한 어르신까지, 주부에서 직장인까지 전 세계 다종다양한 사람들이 다양한 시점으로 하야부사2에게 뜨거운 관심을 보내주셨다.

하야부사2 멤버들이 끊임없이 난국에 봉착해도 전혀 비장한 감정을 보이지 않았다는 사실을 이 책을 읽는 독자라면 느낄 것이다. 절망스러울 만큼 도전의 레벨은 높았지만, 멤버들은 그 상황을 긍정적으로 받아들이며 즐겼다. 탐사선 운용 중에는 시시각각 중요한 판단을 해야 한다. 한 번 잘못 판단하면 대형 사고로 이어진다. 멤버들은 그런 압박감 속에서 매번 긍정적인 힘으로 상황을 이겨냈다. 하야부사2 팀은 탐사를 즐기는 팀이었다. 나는 그런 팀 문화를 조성하려고 많은 노력을 기울였다.

　과학의 진보를 날것으로 생생히 보여주는 것이 우주과학 미션이다. 그러니 미션을 수행하는 사람들이 즐거워하지 않으면 좋은 성과가 나올 리 없다.

　요즘은 컴플라이언스compliance*가 중시돼 도전하기가 어려워졌다고들 한다. 민간 제조업체나 기술 계통 기업이 '이런 시대에 어떻게 그런 도전이 가능했죠?'라는 식으로 기술 매니지먼트 측면에서 물어보는 경우가 많아졌다. 팀 구성 측면에서 하야부사2가 높이 평가받는 건 또 다른 기쁨이다. 우리는 '하야부사2는 단순한 우주공학·과학 미션에 머물러선 안 된다. 우주탐사를 통해 사회에 파급효과를 줬으면 좋겠다'라는 바람을 가지고 하야부사2 계획을 추진했는데, 현재는 그 측면에서도 세상에 어느 정도 영향을 주고 있음을 실감한다.

＊　＊　＊

　하야부사2를 이을 일본의 태양계 탐사는 무엇일까. 일본·유럽 공동 미션 베피콜롬보는 2018년 발사됐고, 수성을 향해 비행 중이다. 2020년대엔 달 착륙을 목표로 한 슬림SLIM이 있고, 데스티니 플러스는 이온엔진을 가동하여 꼬리 없는 파에톤 혜성을 플라이바이(통과) 탐사한다. 또 MMX 미션은 화성의 위성인 포보스의 표본회수를 시도할 예정이다. 데스티니 플러스에 탑재할 이온엔진은 하야부사2 이온엔진의

＊　기업 경영에서 법, 규정, 윤리 등 사회통념을 준수하는 자세.

후계자가 될 것이다. MMX 미션의 기본적인 아이디어를 내고 기술적인 가능성을 JAXA에 제시한 주인공은 하야부사2 팀이다. 하야부사2의 기술이 차세대 우주탐사 미션에 계승되고 있다.

그런데 앞서 언급한 미션들은 모두 2018년 전에 성립된 계획이다. 즉 하야부사2가 류구에서 일대 도약시킨 기술을 이용한 미션은 아직 모습을 드러내지 않았다. 다르게 말하면 하야부사2가 예상 밖의 기술적 도약을 이뤄냈다는 뜻이다. 일본이 태양계 탐사를 이끌어 가며 인류의 과학에 가장 크게 공헌할 수 있을지 여부는 하야부사2 기술을 어떻게 활용하는가에 달려 있다. 금상첨화라고 할까, 우주연이 하야부사3(그런 이름이 붙을지는 알 수 없지만)를 검토하기 시작했다. 현시점에선 그 결말을 알 수 없지만 어쨌든 일본의 우주탐사 기술은 성장 가능성이 무궁무진하다고 힘주어 말할 수는 있다.

하야부사2는 최첨단 기술로 최선의 기초과학을 시도했다. 기술과 과학 양면에서 인류 보편적 가치를 끌어올렸다. 조직이나 국가를 위해서가 아니라 인류 전체의 앎에 공헌한 미션이었기에 세계가 축하해 주었다. 하야부사2를 통해 일본이라는 나라, 기술 및 과학에 대한 일본의 열정이 세계에 알려졌다. '재미있는 우주탐사를 하는 일본이라는 나라가 있어. 과학기술 문화가 참 독특하구먼'이라는 인식이 널리 퍼져 지구상에 '일본이라는 나라는 귀중해. 사이 좋게 지내고 싶어'라고 생각하는 사람이 조금이라도 늘기를 바란다. 일본이 인류를 위한 우주과학을 하는 의미는 거기 있지 않을까.

끝으로 하야부사2의 가치를 꼭 알려주고 싶은 이들은 어린이다.

어린 시절 내가 본 과학잡지나 텔레비전은 21세기가 되면 하늘을 날아 출퇴근하고, 누구나 우주여행을 떠날 수 있는 세계가 된다고 가르쳐 주었다. 그와 같이 엄청 흥미진진해 보이는 미래상 위에 나는 무한한 희망과 장래 목표를 그렸다. 그런데 오늘날 우리 어른들은 어린이들에게 두근두근 가슴 뛰게 하는 미래상을 제시하고 있는가.

하야부사2 이야기를 들려주면 어린이들은 초롱초롱한 눈빛으로 푹 빠져서 듣는다. 이야기하는 쪽도 저절로 힘이 난다. 그들의 초롱초롱한 눈빛은 과학을 다룬 잡지나 TV프로그램을 보던 어린 시절 내 눈빛과 꼭 닮았다. 그러면서 나 자신에게 되물어 본다. 우리 세대가 보았던 미래처럼 장대한 미래상을 지금의 나는 어린이들에게 보여주고 있는가.

어른들은 대단한 일을 해내고 있다. 불가능으로 보이는 일에 도전하고, 흥미진진한 미래를 창조하고 있다. 미래에 희망은 분명히 있으며, 어른이 되는 건 즐거운 일이라는 점을 어린이들에게 알려줘야 한다. 지구가 좁다는 사실을 어린이도 아는 시대다. 그럼에도 우리 어른들은 어린이들에게 우주에는 광활한 도전 무대가 여전히 많음을, 우주 미션을 통해 더욱더 많이 보여줘야 한다.

지구로의 귀환, 그리고 2031년을 향해

류구를 떠난 하야부사2의 귀로 비행은 1년으로 짧다. 대기권 돌입 캡슐은 호주 우메라 사막으로 돌아온다. 귀중한 류구의 표본이 들어 있는 캡슐을 재빨리 회수해 일본으로 가져오기 위해선 호주 정부와의 협의에서부터 캡슐을 신속히 발견할 장비와 훈련까지 주도면밀한 준비가 필요하다.

이를 위해 하야부사2 팀은 류구에 도착하기 2개월 전인 2018년 4월에 이미 회수대回收隊라는 별동부대를 꾸렸다. 나카자와 사토루 서브 프로젝트 매니저가 대장을 맡았다. 류구 탐사를 진행하면서 캡슐 회수까지 준비하려니 여간 힘든 게 아니었다. 나카자와는 "하야부사2가 돌아오든 못 돌아오든 힘차게 진행할게요"라며 듬직하게 말했지만, 그 말은 류구 탐사 중에 실수가 발생해 자신들이 헛일하는 상황을 만들지 말라는 탐사선 운용 팀을 향한 무언의 압박이기도 했다.

2020년 3월, 신형 코로나 바이러스의 유행 조짐은 순식간에 현실이 됐다. 전 세계 각국의 국경이 닫히고, 업무와 외출이 제한됐다. 여러 가지 만약의 경우를 상정해 두었던 우리들도 코로나19 유행은 전혀 예상하지 못했다.

이미 지구를 향해 날아오는 중인 하야부사2를 멈춰 세울 순 없다. 비행 코스 변경은 기술적으로 가능하지만 그렇게 되면 류구의 표본을 손에 넣지 못한다. 따라서 무슨 수를 써서라도 예정대로 지구 귀환을 진행해야 했다.

어떻게 해야 회수대를 호주에 입국시킬 수 있을까. 대원의 안전은 어떻게 보장하며, 어떻게 해야 호주에 폐를 끼치지 않고 캡슐을 회수할 수 있을까. 코로나 감염 예방 대책을 철저히 한 결과 갑작스럽게 회수 계획은 최소한으로 축소됐다. 호주로 출발할 회수대 인원은 당초 계획엔 100명을 훨씬 넘었지만 80명으로 최소화했다. 탐사선의 지구 귀환이라는 극히 드문 기회를 활기차고 성대하게 살리기 위해 많은 기업과 연구자가 호주로 건너가서 협력하겠다고 신청했지만 눈물을 삼키며 거절했다. 고마웠던 건 호주 정부의 대응이었다. 호주 정부는 우리 프로젝트의 중요성을 인정하고, 호주 땅에서 캡슐 회수가 가능하도록 시종일관 노력했다.

8월 6일, 드디어 호주 정부가 착륙허가증을 발급했다. 지구 귀환은 일본 시간으로 2020년 12월 6일 오전 2~3시로 확정됐다.

재돌입 캡슐은 대기권 돌입 12시간 전에 모선에서 분리된다. 그리고 초속 11.8킬로미터로 대기권에 돌입한다. 대기권에 들어온 캡슐은 자동으로 움직인다. 고도 10킬로미터에 도달하면 캡슐의 외피에 해당하는 내열판(히트실드)을 분리하고, 낙하산을 펼친 후 우메라 사막 위로 내려앉는다. 회수대는 항공기 및 지상의 안테나, 드론, 헬리콥터를 동원해 착륙한 캡슐을 수색한다. 캡슐을 발견하면 곧바로 착륙 후 조치를 하고 일본으로 수송한다.

한편 캡슐을 분리한 모선은 화학추진계 추력기를 전력 분사해 대기권 돌입 코스를 벗어난다. 내처 고도 300킬로미터 상공에서 지구를 스윙바이 하고 다시 우주로 떠난다. 모든 소임을 다한 하야부사2에게 제2의 인생으로서 확장 미션을 부여했기 때문이다.

하야부사2의 제2의 인생도 주도면밀한 준비의 산물이다. 하야부사2 팀의 또 다른 별동대 확장 미션 검토 팀은 100개에 육박하는 소행성 중에서 캡슐 분리한 하야부사2가 갈 만한 곳을 탐색해 왔다. 그 활동은 류구 도착 전부터 은밀히 진행됐다. 물론 류구 탐색을 끝낸 하야부사2가 다행히 건재하기에 그 계획은 빛을 볼 수 있었다.

최종적으로 채택된 확장 미션의 일정은 이렇다. 2020년 12월 6일에 캡슐을 분리한 하야부사2 본체는 지구 스윙바이. 2026년 7월에 소행성 2001 CC21을 근접 통과. 2027년 12월에 또다시 지구 스윙바이. 2028년에도 한 차례 더 지구 스윙바이. 그리고 2031년에 소행성 1998 KY26에 도착한다.

소행성 2001 CC21은 희귀한 타입인 L형 소행성이다. 하야부사2는 이 소행성을 빠른 속력으로 통과하면서 관측할 예정이다. 또 최종 목적지 1998 KY26은 지름 30미터가량 되며, 자전주기는 11분이다. 엄청 작고, 엄청 빠른 속도로 자전하는 소행성이다. 인류는 이런 타입의 소행성을 아직 눈으로 본 적이 없다. 하야부사2가 류구에 도착했을 때 한 꺼풀 한 꺼풀 벗겨지는 류구의 속성에 세계가 깜짝 놀랐다. 다음에 방문할 신세계도 틀림없이 놀라움으로 가득 차 있을 것이다.

확장 미션을 실현하려면 앞으로 11년의 비행 시간, 약 1만 3,000시간의 이온엔진 운전이 소요된다. 총 비행거리는 100억 킬로미터를 넘는다. 그런 여정을 하야부사2는 남은 이온엔진 연료 50퍼센트, 화학추진계 연료 25퍼센트로 답파한다. 타깃 마커 1개와 발사체projectile(터치다운 때 발사하는 탄환) 1개는 여전히 하야부사2에 남아 있다. 이것들을 어떻게 써먹을지 머리를 굴리는 재미도 있다. 확장 미션은 탐사선의 수명을 한참 초과하는 비행이지만 당초 계획한 미션을 다 끝낸 이후라서 더이상 잃을 것도 없다. 비행하면 할수록 그만큼 지식은 늘어난다. 하야부사2가 홀가분한 마음으로 범상치 않은 도전을 실컷 펼쳐줬으면 하는바람이다. 하야부사2야, 혹사시켜서 미안해. 그래도 다음 여정도 함께힘내자꾸나.

* * *

2020년 9월 17일 오전 3시 15분 45초(일본 시간), 이온엔진 운전의 모든 공정이 완료됐다. 코로나 유행이 한창이었지만 이온엔진 관계자들은 원격회의로 다 같이 탐사선 운용에 참여해 유종의 미를 지켜봤다. 하야부사 1호기 때와 비교하면 격세지감일 정도로 완벽한 활동이었다. 니시야마, 호소다, 쓰키자키 류도月崎竜童 등 이온엔진 팀의 웃는 얼굴을보니 기분이 좋았다. 관제실의 니시야마는 1호기에 이은 표본회수 2라운드를 끝까지 포기하지 않고 주파하겠노라 호언했다. 관제실은 힘찬박수로 이온엔진 팀의 미션 완수를 축하했다.

지구 귀환의 최종 단계인 대기권 돌입을 향한 최종 유도가 시작됐다. 이 단계에선 화학추진계를 가동해 TCM1~TCM5 총 다섯 차례의 정밀한 궤도수정을 통해 캡슐의 지구 귀환과 탐사선 본체의 지구권 이탈을 실시한다.

날마다 궤도 담당자가 탐사선 비행경로를 확인했고, 시스템 담당자와 자세·궤도 제어 시스템 담당자 및 캡슐 담당자가 캡슐 분리 이후의 복잡한 수순을 일일이 설계·검증하고 마무리 짓는 작업이 이어졌다. 나는 이 과정을 쭉 지켜봤다. 호주로 간 회수대와 사가미하라의 탐사선 운용 팀은 서로 연락을 주고받으며 그날을 위한 준비에 여념이 없었다. 이 작업들을 진행한 팀 멤버들의 긴장감은 류구 작전 때의 긴장감 못지 않았다. 아니, 단 한 번의 실수도 용납되지 않는다는 점에서 오히려 호주 파견대가 갖는 긴장감이 더 컸다.

2020년 9월 23일, 이온엔진 운전 완료 이후의 궤도 평가가 나왔다. 결과는 '무척 양호'. 하야부사2는 지구로부터 3,200만 킬로미터 떨어진 곳에서 지구를 향해 비행 중이었다. 바라던 대로 지구 대기권을 스칠 듯 말 듯 궤도를 타고 있었다. 목적지가 눈앞이다.

하야부사2여, 대기권 돌입 통로reentry corridor로 쑥 들어오라.
그리고 지구로 귀환하라.
그리고 저 너머로 향하라.
과학의 새 지평이 거기 있다.

개요 그래픽 — 하야부사2 소행성 근접 단계의 계획과 실적

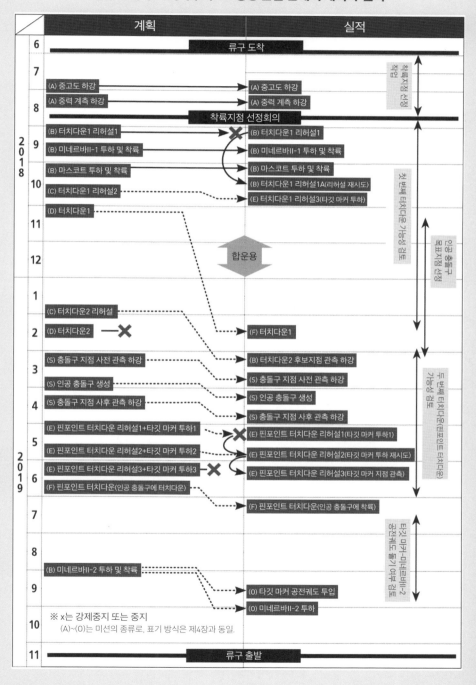

		계획	실적
2018	6		류구 도착
	7	(A) 중고도 하강	(A) 중고도 하강
	8	(A) 중력 계측 하강	(A) 중력 계측 하강
			착륙지점 선정회의
	9	(B) 터치다운1 리허설1 (B) 미네르바II-1 투하 및 착륙	(B) 터치다운1 리허설1 ✕ (B) 미네르바II-1 투하 및 착륙
	10	(B) 마스코트 투하 및 착륙 (C) 터치다운1 리허설2	(B) 마스코트 투하 및 착륙 (B) 터치다운1 리허설1A(리허설 재시도) (E) 터치다운1 리허설3(타깃 마커 투하)
	11	(D) 터치다운1	
	12		합운용
2019	1	(C) 터치다운2 리허설	
	2	(D) 터치다운2 ✕	(F) 터치다운1
	3	(S) 충돌구 지점 사전 관측 하강 (S) 인공 충돌구 생성	(B) 터치다운2 후보지점 관측 하강 (S) 충돌구 지점 사전 관측 하강
	4	(S) 충돌구 지점 사후 관측 하강	(S) 인공 충돌구 생성 (S) 충돌구 지점 사후 관측 하강
	5	(E) 핀포인트 터치다운 리허설1+타깃 마커 투하1 (E) 핀포인트 터치다운 리허설2+타깃 마커 투하2	(E) 핀포인트 터치다운 리허설1(타깃 마커 투하1) ✕ (E) 핀포인트 터치다운 리허설2(타깃 마커 투하 재시도)
	6	(E) 핀포인트 터치다운 리허설3+타깃 마커 투하3 ✕ (F) 핀포인트 터치다운(인공 충돌구에 터치다운)	(E) 핀포인트 터치다운 리허설3(타깃 마커 지점 관측)
	7		(F) 핀포인트 터치다운(인공 충돌구에 착륙)
	8	(B) 미네르바II-2 투하 및 착륙	
	9		(O) 타깃 마커 공전궤도 투입 (O) 미네르바II-2 투하
	10	※ x는 강제중지 또는 중지 (A)~(O)는 미션의 종류로, 표기 방식은 제4장과 동일.	
	11		류구 출발

착륙지점 선정 작업

첫 번째 타치다운 가능성 검토

두 번째 타치다운 가능성 검토

인공 충돌구 목표지점 선정

핀포인트 타치다운

타깃 마커·미네르바II-2 공전궤도 돌기 여부 검토

에필로그

하야부사2의 류구 여정은 곧 끝납니다.[*] 종료 전이라 아직 결말이 어찌 될지 모릅니다만 하야부사2 도전의 클라이맥스는 당연히 류구에서의 탐사 활동입니다. 난적 류구에서 표본을 가져온 우리 하야부사2 팀은 하나의 인격을 가진 생물체 같았습니다. 팀을 꾸린 나 자신도 깜짝 놀란 팀워크와 창의성 넘치는 활동에 힘입어 상상을 초월할 정도로 어려웠던 류구 탐사를 성공시킬 수 있었습니다. 인간 상상력의 한계, 그 한계를 뛰어넘는 우주탐사의 매력, 그리고 합심 협력의 위대함 등이 제가 이 책에서 전하고 싶은 바입니다. 책에는 등장하지 않지만, 류구 탐사라는 모험에는 남녀 영웅들이 수두룩합니다. 그들 모두를 일일이 소개할 수는 없었습니다. 그 이유는 오로지 저의 미숙한 글재주 탓이니 너그러이

---

* 한국어판 단행본의 원서는 일본에서 2020년 11월에 출간되었다. 하야부사2의 대기권 돌입 캡슐이 호주 우메라 사막에 떨어지기 한 달 전이다. 표본을 담은 캡슐은 12월 6일 지구로 귀환했다. 이후 표본분석을 통해 물방울과 유기물이 확인됐고, 분석작업은 계속 진행 중이다. 한편 하야부사2는 계속 확장 미션을 이어가고 있다. 2024년 5월 5일 현재 지구로부터 3억 409만 킬로미터 이상 떨어진 곳에서 비행 중이다. 인터넷 사이트(www. hayabusa2.jaxa.jp)에서 하야부사2의 비행 상황을 실시간으로 확인할 수 있다.

봐주기 바랍니다.

하야부사2가 류구를 떠났을 때 어떤 프로젝트 멤버가 이런 소회를 토로한 적이 있습니다. "이 미션은 너 나 할 것 없이 '내가 없었다면 성공하지 못했을 거야'라고 여길 미션이구먼." 저는 그 말에 눈시울이 시큰했습니다. 바로 그것이 내가 만들고 싶었던 팀입니다. 모두가 주인공인 미션이었기에 여러분에게 보여주지 못한 드라마가 여전히 많습니다.

NEC의 프로젝트 매니저 오시마 다케시는 류구 탐사 종료 후 가진 JAXA·NEC 공동기자회견에서 이렇게 말했습니다.

"14년 전의 1호기와는 비교도 안 될 만큼 든든한 하야부사2에 감동했습니다. 미네르바를 떨어뜨리지 못한 일, 탄환을 쏘지 못한 일이 14년 내내 마음 한구석에 응어리로 남아 있었습니다. 그때 미처 이루지 못한 것을 전부 완수하고 완전한 모습으로 지구로 돌아와 줘서 정말로 기쁩니다."

일본 사회가 아무리 하야부사 1호기의 성과를 높이 사도 하야부사 시리즈의 주요 제조업체 역시 그동안 쭉 무거운 십자가를 짊어지고 있었습니다. 20년 이상 우주탐사 기술 개발에 전념해 온 오시마 같은 분에게 대성공이라는 결말을 선사할 수 있어서 정말로 다행입니다.

SCI 개발에 관여한 IHI에어로스페이스 직원분들은 인공 충돌구 만들기에 성공한 날 "여러분은 우주연의 양심입니다. 이처럼 종잡을 수 없는 미션을 해낼 수 있는 팀은 이곳밖에 없습니다. 정말 즐거웠습니다"라고 말했습니다. 그분들 말마따나 기술자가, 과학자가, 계약과 책무를 넘어 탐사 자체를 즐기고 있음을 절감한 장면이 하야부사2 프로젝트 곳곳에 존재합니다. 그래서 우주 미션은 재미있습니다.

하야부사2와 관계 맺은 모든 분은 열심히 노력했으며, 노력에 비해 분에 넘치는 성과를 얻었다고 느끼십니다. 그런 팀으로 이끈 요인은 팀원들이자 우수한 기술력과 열정을 쏟아부은 기업체 직원분들, 프로젝트 바깥에서 지원해 준 JAXA의 관계자, 정부기관, 국내외 연구기관, 우주기관의 여러분, 그리고 우리와 함께 열광하며 응원해 준 일본 전체, 전 세계 사람들입니다. 이런 경험을 한 하야부사2 팀의 일원으로서 저는 무한한 감사를 드립니다.

사실 우리는 아직도 하루하루 공포를 느끼고 있습니다. 하나의 탐사선을 만들고 그것이 마지막까지 움직여 줘야 비로소 미션 달성입니다. 도중에 무슨 일이 생기면 바로 수리할 수 있는 지상의 공업 제품과 다른 무서움이 우주탐사에는 존재합니다. 그래서 우주탐사에는 실력뿐 아니라 운도 중요합니다. (그 때문에 우리는 부정 타는 짓은 멀리하고 신에게 빌기도 합니다.)

또한 우리는 결과뿐 아니라 과정도 중시합니다. 10년 이상 작업해야 하기 때문에 과정이 가치가 없으면 해낼 수 없는 일입니다. 그래서 아직 미션의 최종 성패를 알지 못하는 현시점에도 지금까지 이룬 큰 성공과 그 과정을 여러분에게 전해주려는 것입니다. 내가 펜을 쥐고 이 책에서 도전의 경과를 가득가득 담은 까닭입니다. (그럼에도 아직 쓰지 못한 드라마가 산더미처럼 쌓여 있습니다.)

보셨다시피 성공을 거듭했지만 앞날은 알 수 없습니다. 그것이 우주 탐사 미션의 무서운 점입니다. 아직 지구 귀환을 위한 운용은 계속되고 있습니다. 그 후에 있을 확장 미션도 머잖아 시동이 걸립니다. 여러분과 함께 가슴이 쪼그라드는 긴장을 체험하면서 앞으로도 차근차근 성과를 쌓아가고 싶습니다.

이 책을 쓰는 일 자체가 저에겐 도전이었습니다. 글을 쓰는 동안 아마추어 글솜씨(과학논문만 써본 입장에선)를 핑계 삼아 몇 가지 실험적인 요소를 가미했습니다. 그런 자유를 허락해 주고 만족스러운 원고가 나오도록 격려해 주신 NHK출판의 구라조노 사토시에게 이 자리를 빌려 심심한 감사의 말을 전합니다.

2020년 10월 16일

쓰다 유이치

하야부사
일본 우주 강국의 비밀

초판 1쇄 찍은날	2024년 5월 28일
초판 1쇄 펴낸날	2024년 6월 12일
지은이	쓰다 유이치
옮긴이	서영찬
펴낸이	한성봉
편집	최창문·이종석·오시경·권지연·이동현·김선형·전유경
콘텐츠제작	안상준
디자인	최세정
마케팅	박신용·오주형·박민지·이예지
경영지원	국지연·송인경
펴낸곳	도서출판 동아시아
등록	1998년 3월 5일 제1998-000243호
주소	서울 중구 필동로8길 73 [예장동 1-42] 동아시아빌딩
페이스북	www.facebook.com/dongasiabooks
전자우편	dongasiabook@naver.com
블로그	blog.naver.com/dongasiabook
인스타그램	www.instargram.com/dongasiabook
전화	02) 757-9724, 5
팩스	02) 757-9726
ISBN	978-89-6262-281-2 03400

만든 사람들
총괄 진행	김선형
편집	전인수·박선경
교정교열	송희숙·김대훈
크로스 교열	안상준
디자인	페이퍼컷 장상호